口袋制作
基础的基础

ポケットの基礎の基礎

（日）水野佳子　著
陈新平　韩慧英　译

化学工业出版社
·北　京·

■代表布的正面

切开式口袋

口袋的位置与大小

口袋的位置

口袋的位置会根据设计和种类而有所改变。

◎缝在腰围线以下的口袋

依照身高比例，口袋在腰围线下5～10cm左右。口袋位置太靠上或太靠下，都不容易插手进去，也很难从里面拿取东西。因此在缝制时，要一边考虑整件衣服的协调，一边将口袋接缝在方便使用的位置。

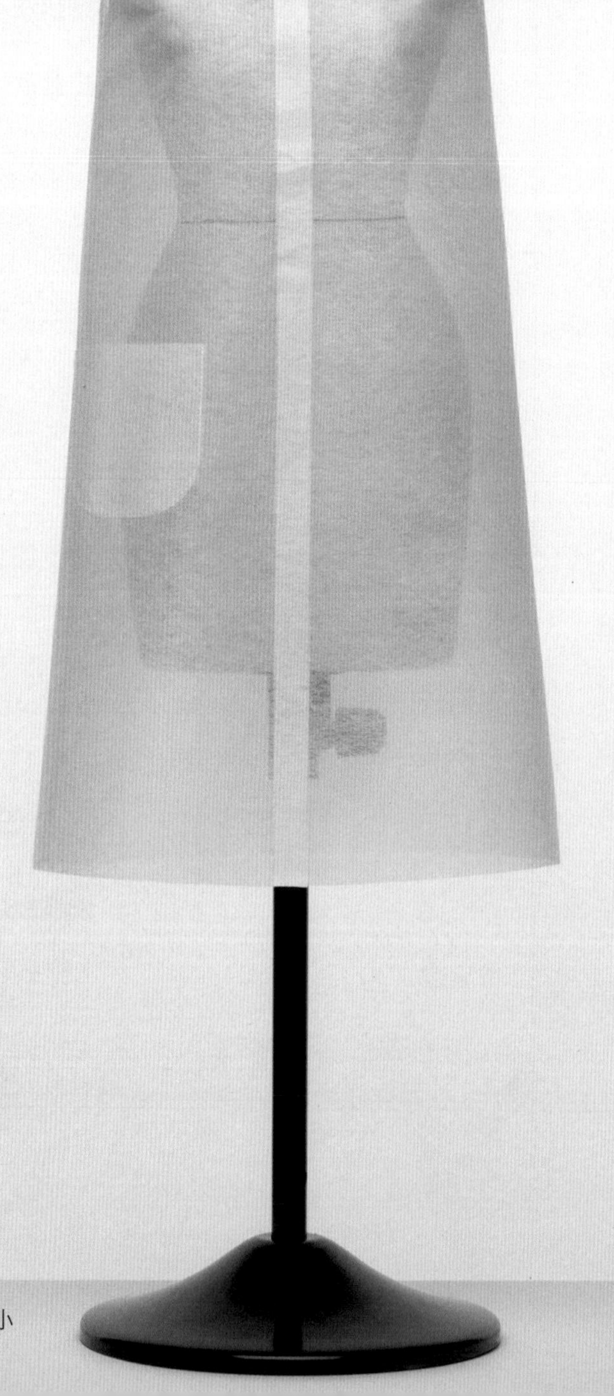

口袋的大小

口袋的大小与深度要根据“要放入的东西”“接缝的位置”而改变。

◎缝在腰围线以下的口袋

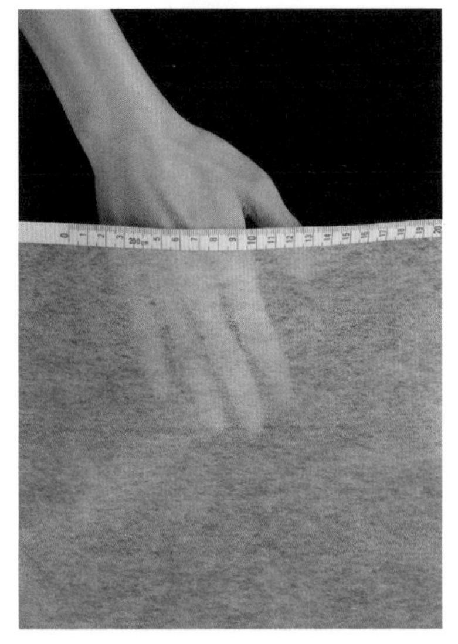

斜插式的口袋口大小约15cm。

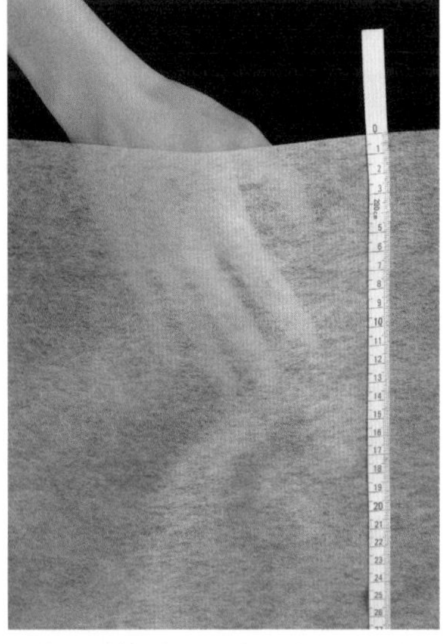

口袋的深度和袋口尺寸一样，15cm左右最恰当。

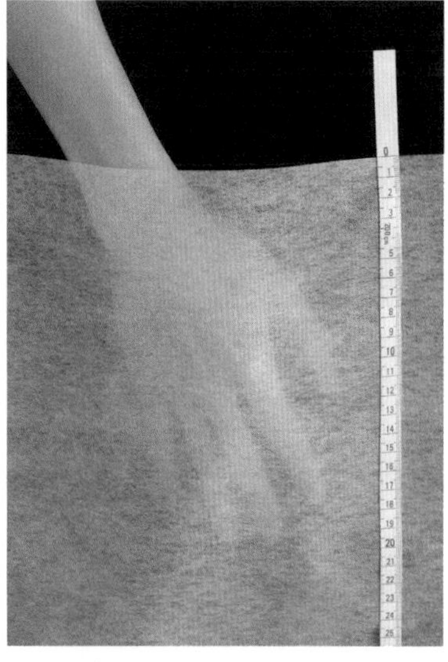

裤子的肋边线口袋的袋布要深一点，大约20cm，手可以完全插入。

◎缝在腰围线以上的口袋（如胸袋）

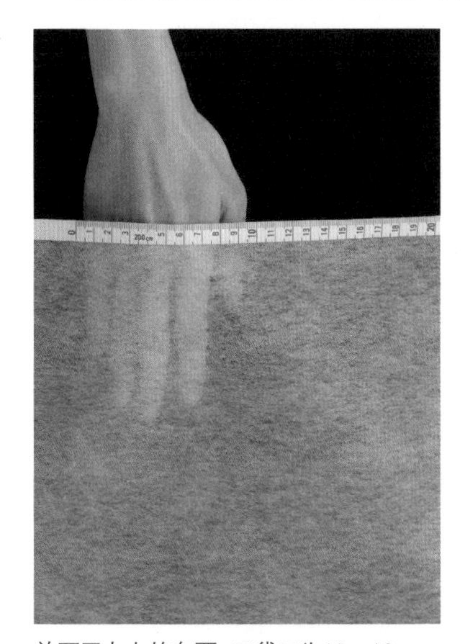

放不了太大的东西，口袋口为10～12cm。

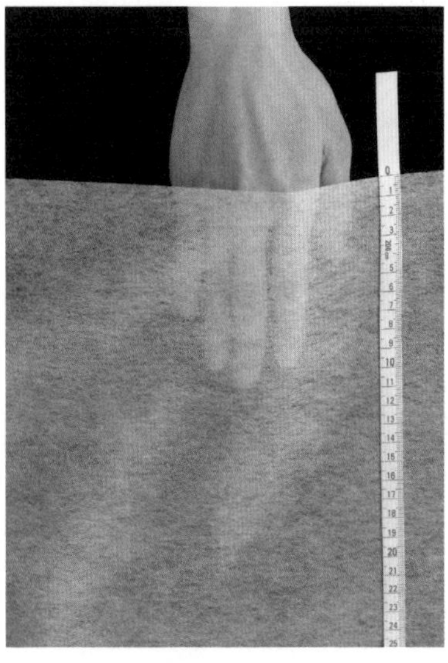

口袋的深度也大致相同。如果太深，会很难从里面拿出东西。

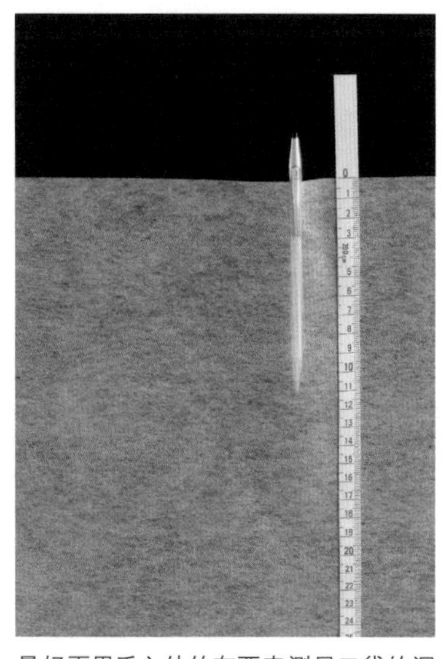

最好再用手之外的东西来测量口袋的深度，例如以笔作为基准。

各式各样的口袋设计

贴式口袋

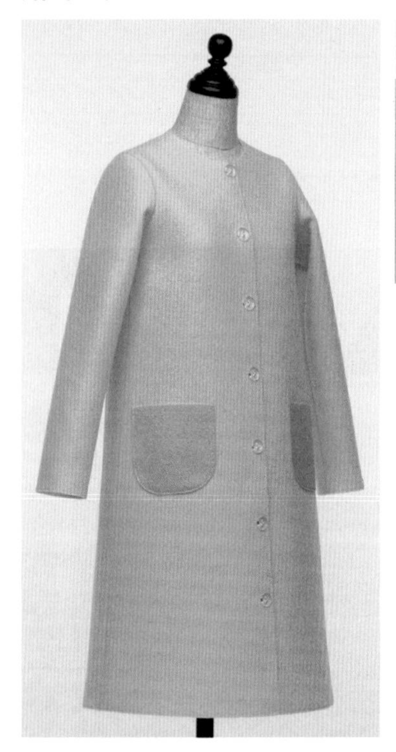

盖式口袋

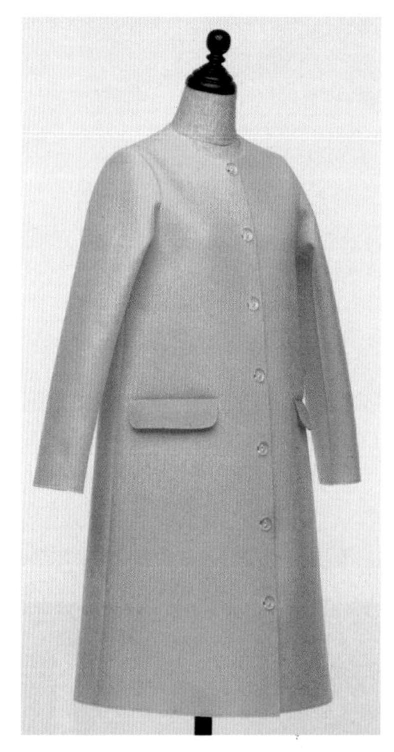

立式口袋

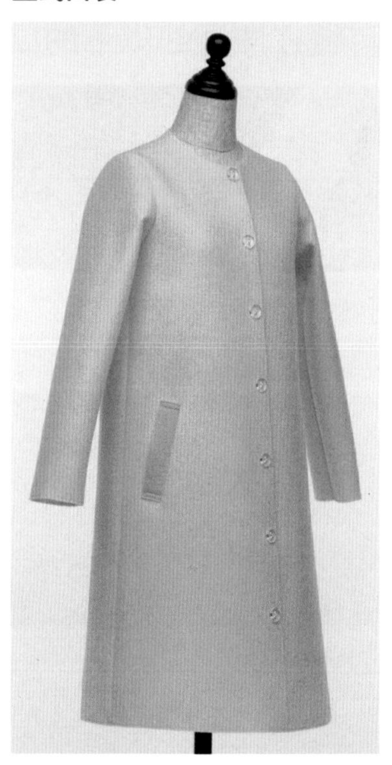

肋边线口袋

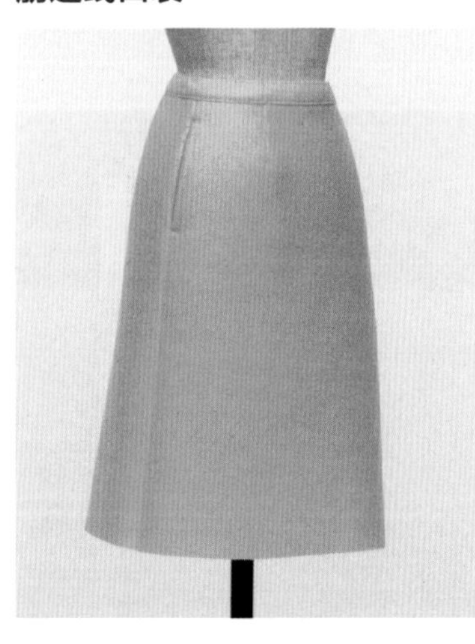

滚边口袋

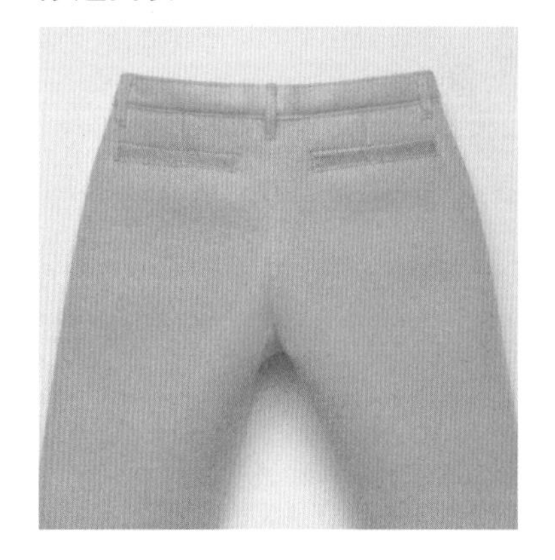

侧口袋

贴式口袋
Set on Pocket

Set on是“缝在表面”的意思，

不剪牙口，在表布上另外缝上袋布，

就是“贴式口袋”。

基本贴式口袋

最简单且牢固的口袋。由于在衣身上比较明显，所以兼具实用性与装饰功能。

口袋底：直角

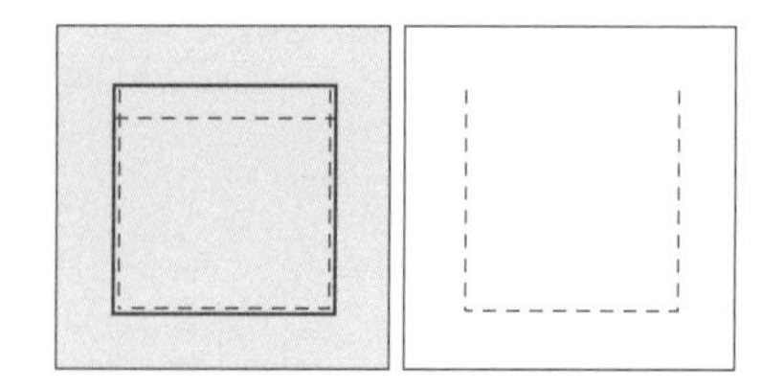

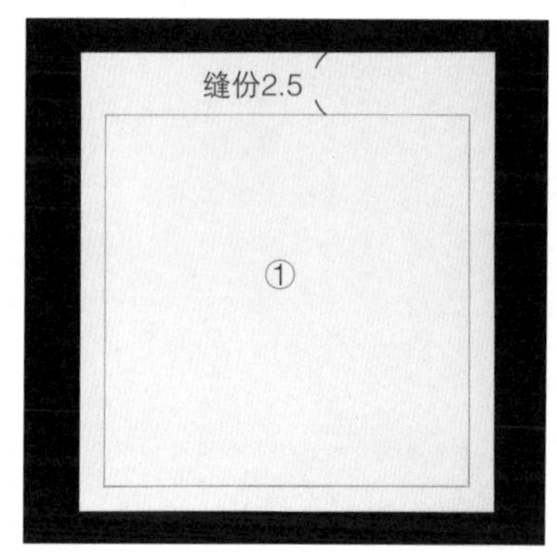

尺寸纸型①
除了特别注明之外，缝份一律为1cm。

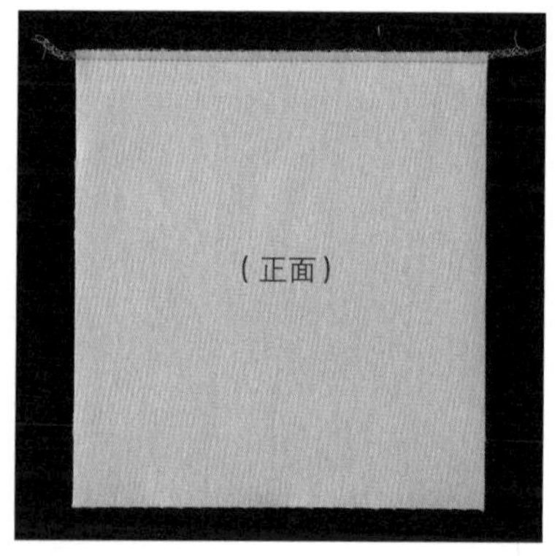

1 裁剪。口袋口的缝份进行锁边或Z字形车缝。

2 口袋口沿完成线折叠，进行车缝。

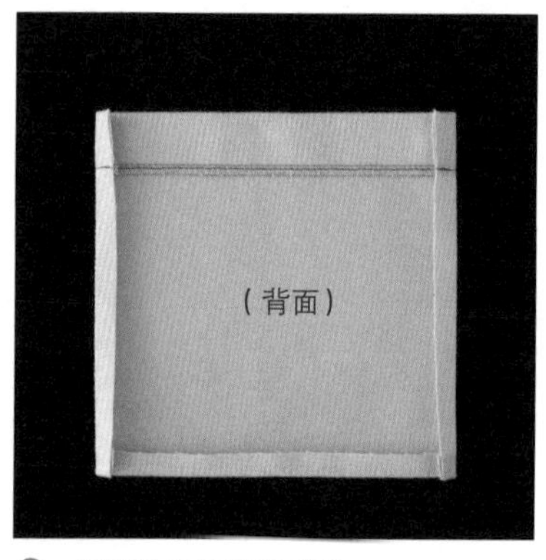

3 用熨斗烫折出完成线。

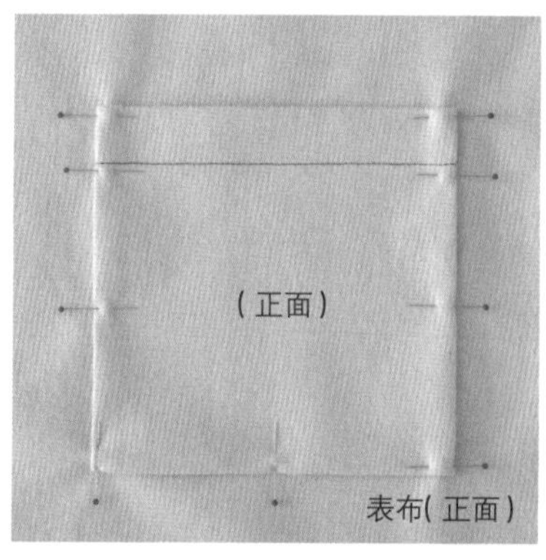

4 用珠针固定在口袋接缝位置上。

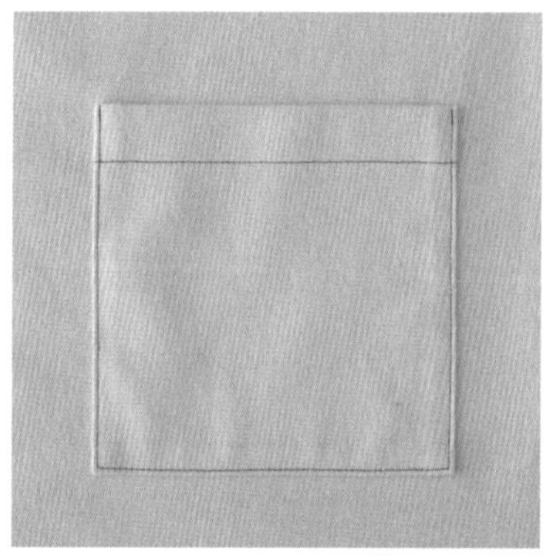

5 用缝纫机车缝固定口袋。图示为完成图(正面)。

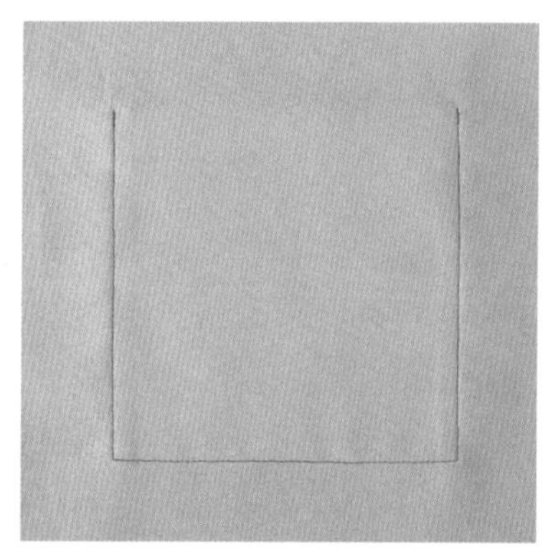

完成图(背面)。

口袋底：圆角

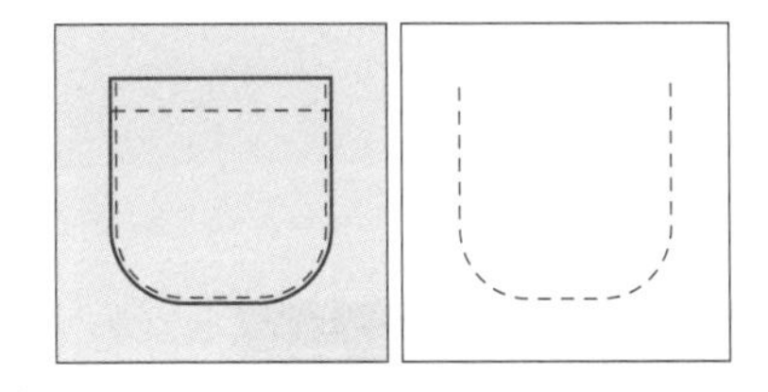

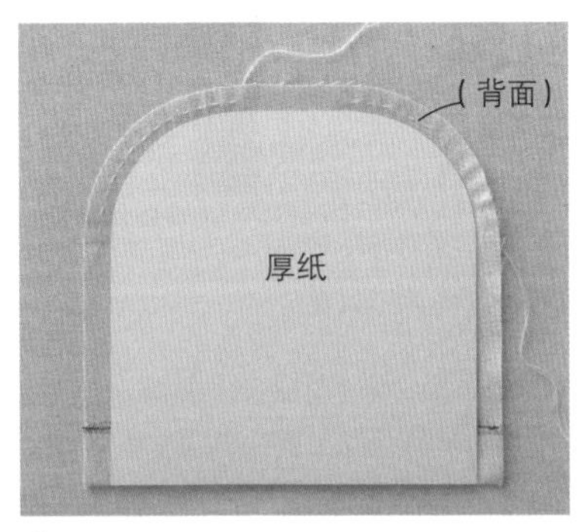

尺寸纸型②
除了特别注明之外，缝份一律为1cm。

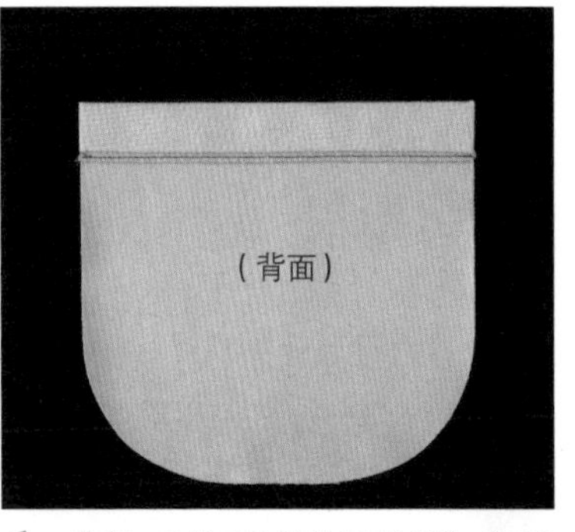

1 裁剪。口袋口的缝份进行锁边或Z字形车缝，折出完成线后车缝。

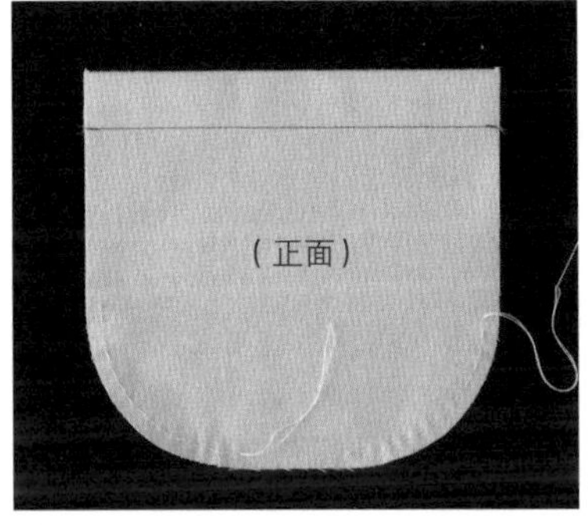

2 口袋底的弧形缝份进行缩缝。

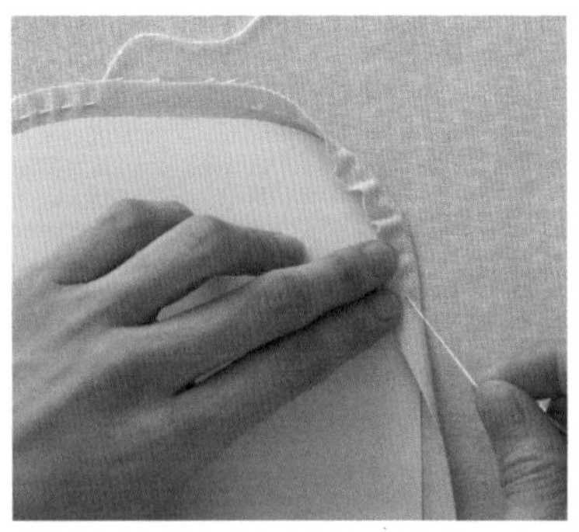

3 厚纸板（厚度如明信片）裁成完成尺寸垫在里面。

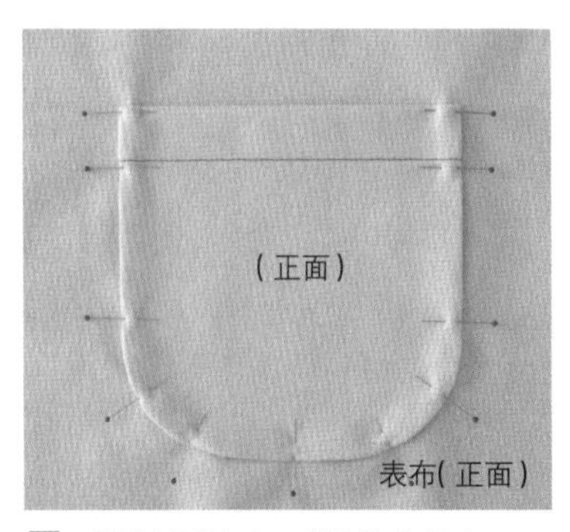

4 抽拉缩缝的线，做出圆弧形。

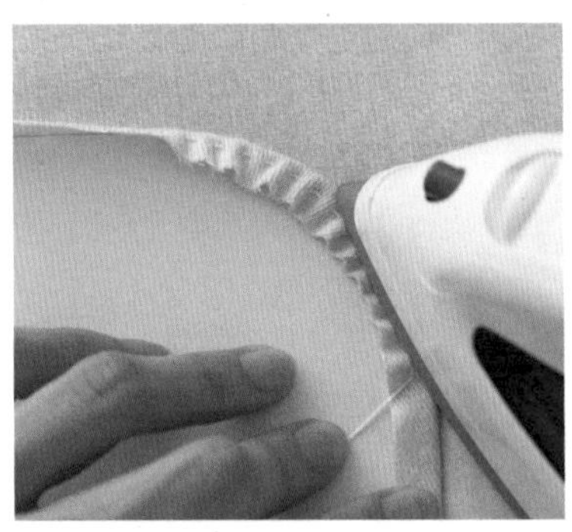

5 用熨斗整烫。

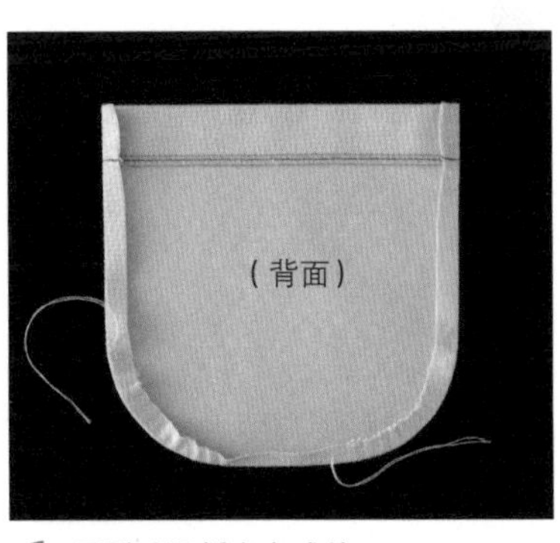

6 用熨斗烫折出完成线。

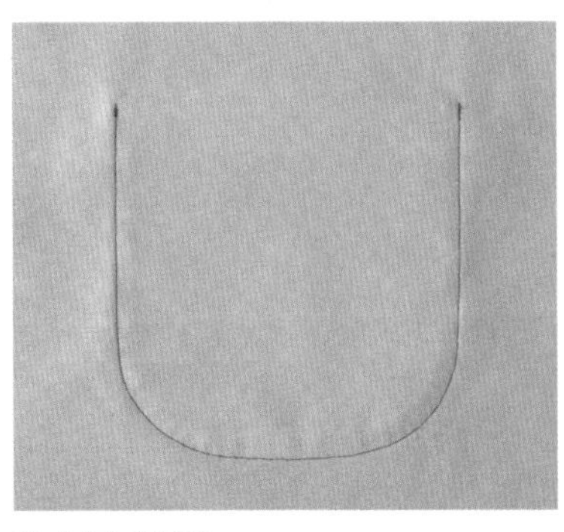

7 用珠针固定在口袋接缝位置上。

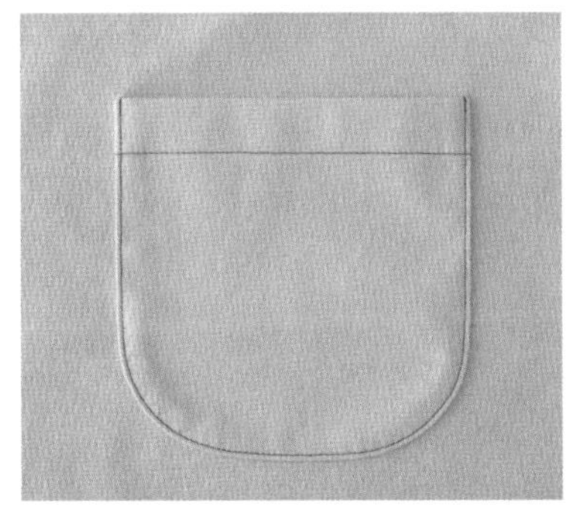

8 用缝纫机车缝固定口袋。图示为完成图（正面）。

完成图（背面）。

[处理口袋口]

除了P.8・P.9的折叠车缝之外的做法。
根据布料的厚度与设计，配合车缝的宽度来处理缝份。不想车缝时，就用手缝缭缝。

●三折边车缝 A

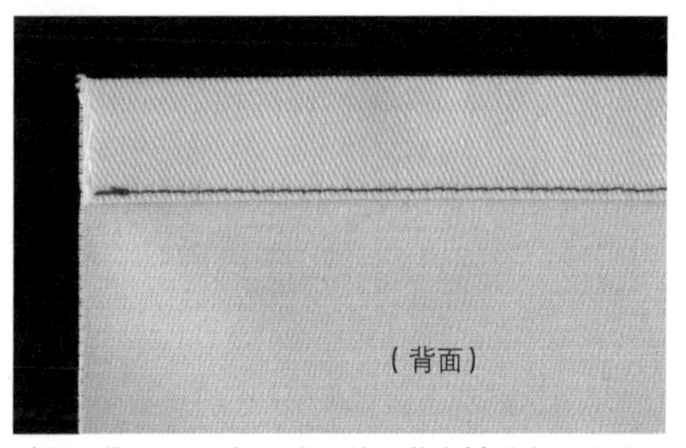

希望口袋口坚固耐用，或因使用薄布料时会透出缝份痕迹，就要进行三折边车缝，这种车缝法也同时起到加固作用。

●三折边车缝 B

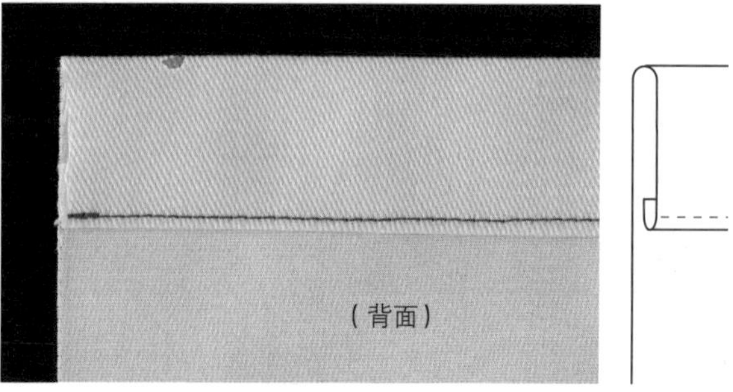

希望车缝宽度较宽时使用。

●转角回针缝后折叠车缝

先在口袋的转角进行回针缝，缝份就不会从口袋口外露，完成后会很漂亮。

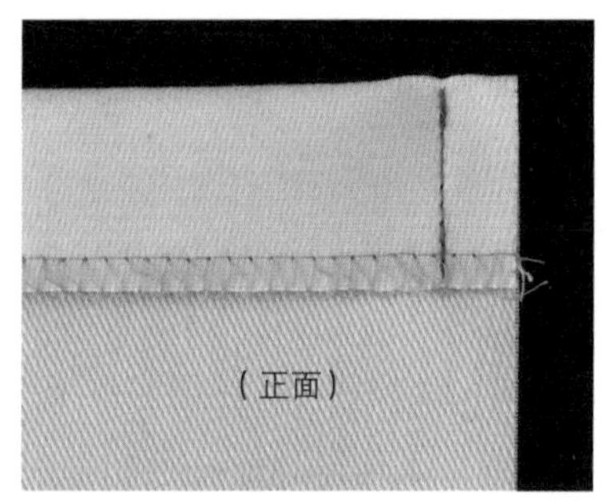

1 口袋口缝份沿完成线折向正面，转角处进行车缝。

2 将转角处翻回正面，口袋口用熨斗沿着完成线整烫。

3 进行车缝。

边机缝（压缝）有 0.1cm、0.15cm、0.2cm 的差异

由于会有出乎意料的0.05cm、0.1cm的落差，根据布料或设计在细节上作不同的变化也很有趣。

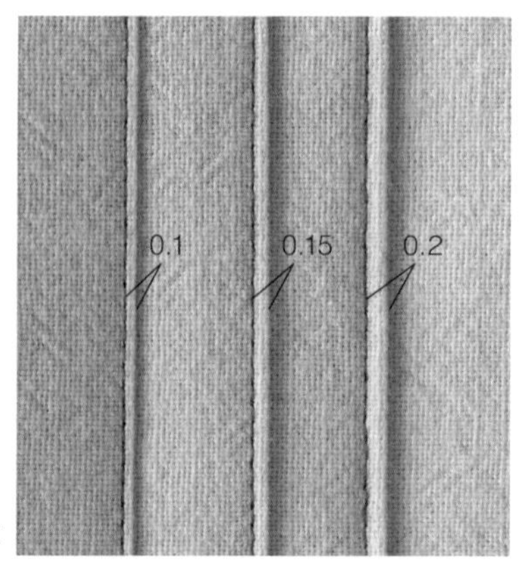

实物等大

[车缝转角]

车缝转角解除了加固的功用，也可呈现设计感。挑选缝线的配色也很有趣。

●一般车缝（边机缝）

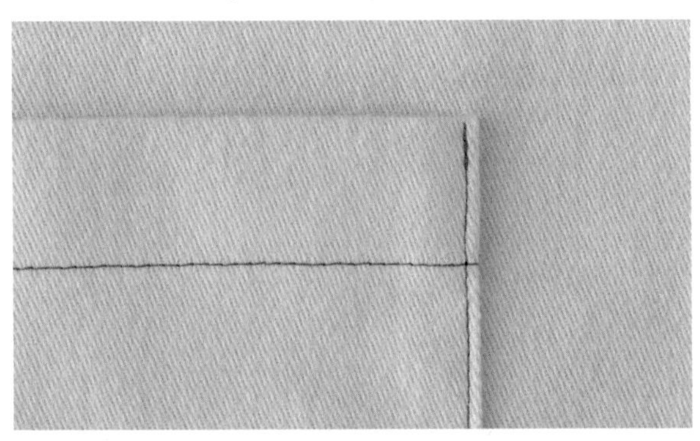

这是最简单的车缝法。根据布料的厚度或设计，改变车缝时的宽度。缝份稳定地车上边线。

要小心处理转角的缝份，不让它露出口袋外，完成时就会很漂亮。

●三角车缝

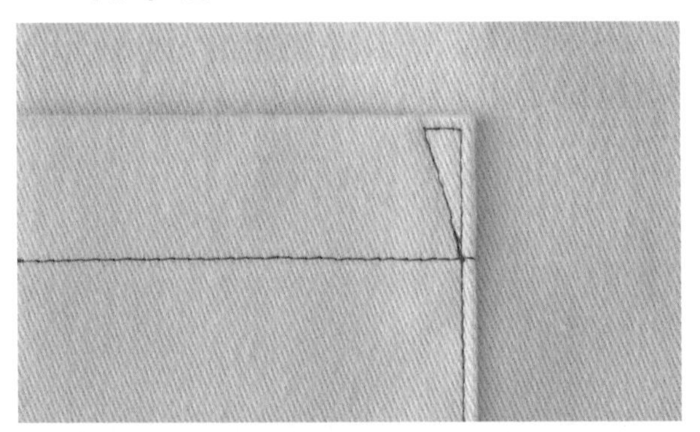

经常可在衬衫胸袋上见到的车缝法，最适合用于薄布料。比一般车缝更有加固口袋口的作用。

●直角车缝

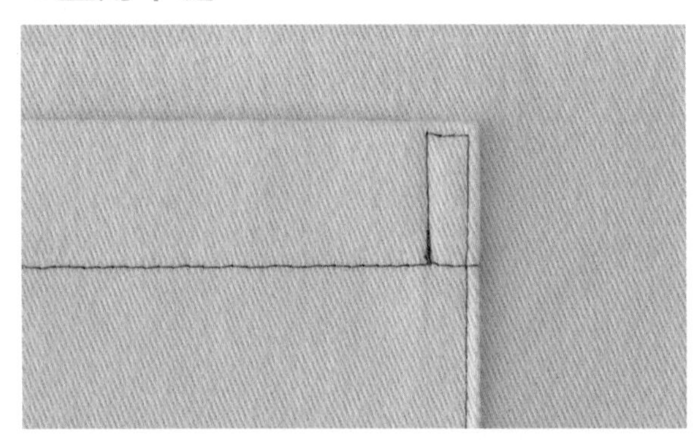

希望更强化口袋口的而用度时使用。即使重复车缝两、三次也无妨。

●双线车缝

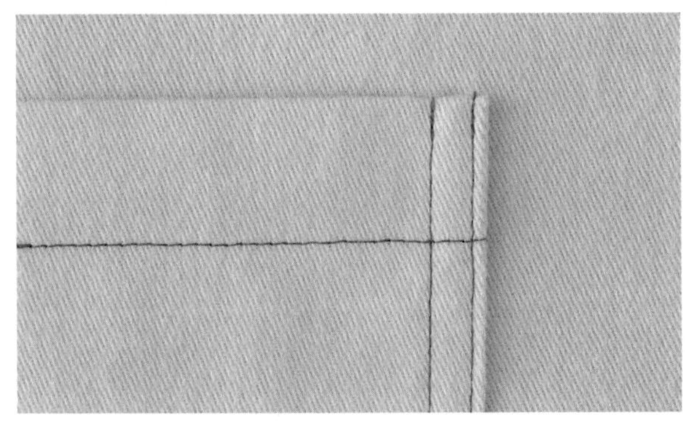

可以加固整体口袋的车缝法。经常用于裤子或户外休闲服等的口袋。

●双线车缝 + 铆钉等配件

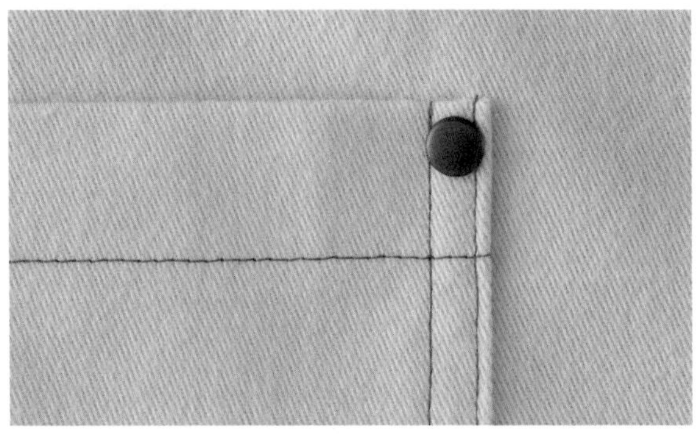

单车缝还不够坚固耐用时使用。适合休闲裤或用厚布料制作的衣物，也兼具装饰功能。

有里布的贴式口袋

如担心只用表布在羊毛、薄布料等上面缝制口袋不够结实，就要加上里布。

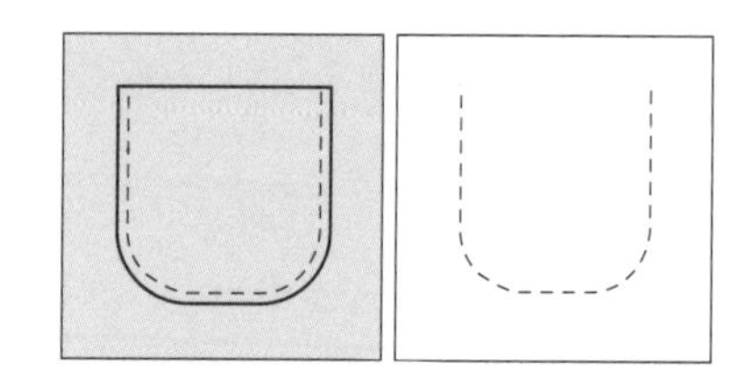

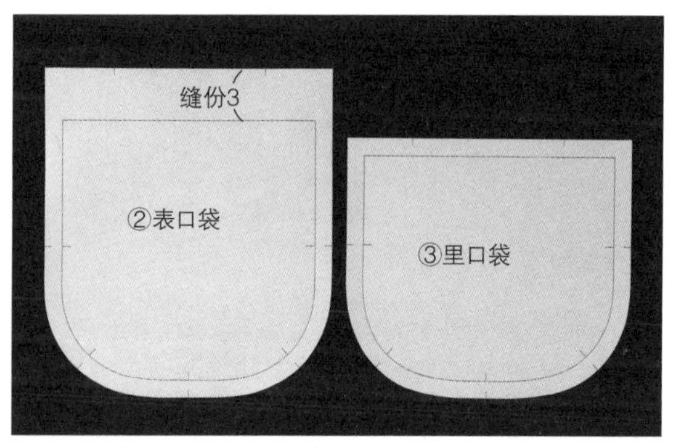

原大纸型②+③
除了特别注明之外，缝份一律为1cm。

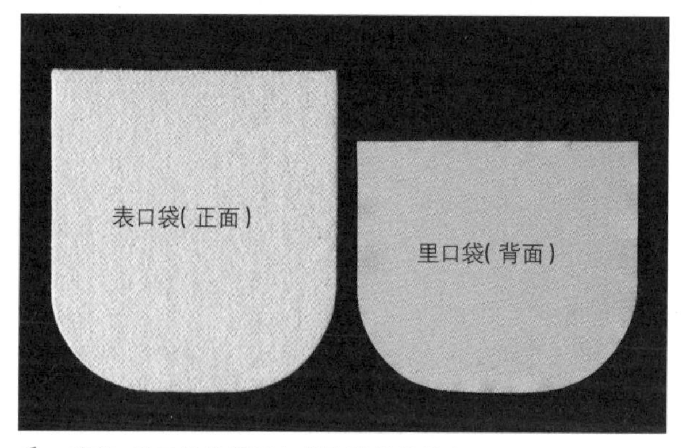

1 裁剪。里口袋使用里布或轧光斜纹棉布。

2 表口袋的里面贴上加固用的黏合衬。表布的口袋里面也贴上里布(参考P.13的完成图背面)。

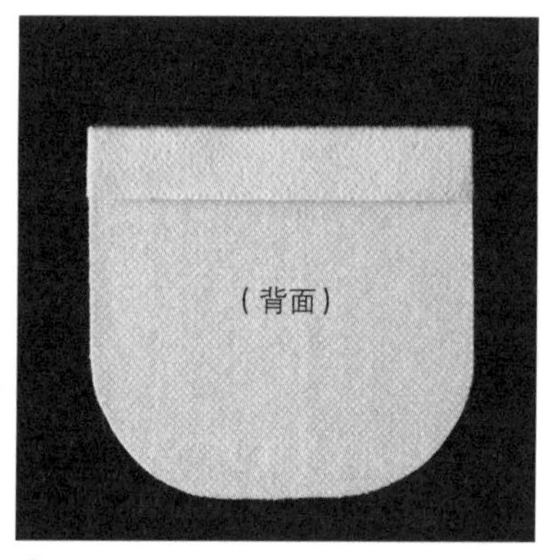

3 沿完成线折叠。

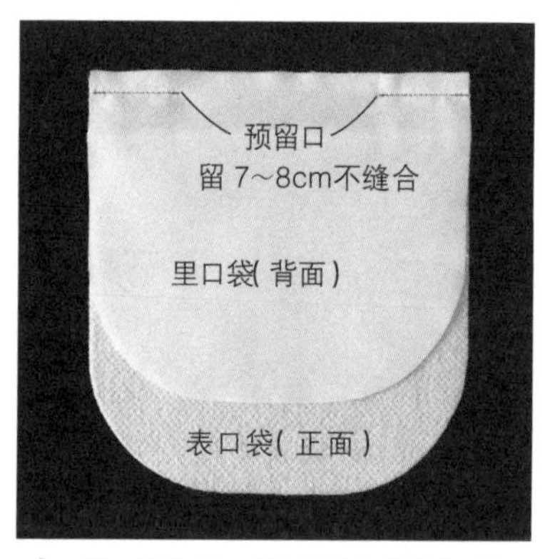

4 表口袋与里口袋正面相对叠合，留下预留口后进行车缝。

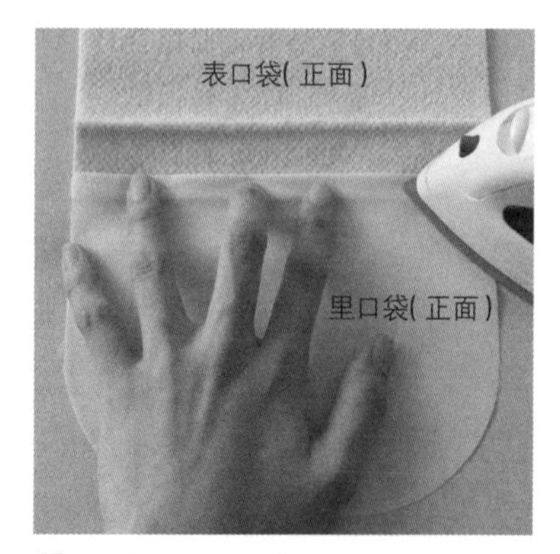

5 缝份倒向里口袋。

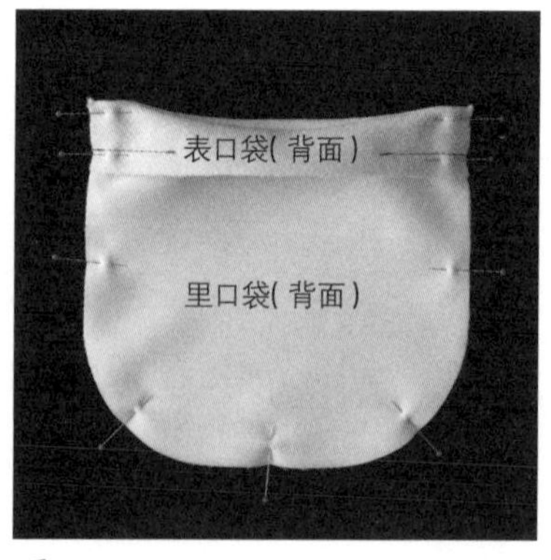

6 口袋口正面相对折叠，用珠针固定周围。

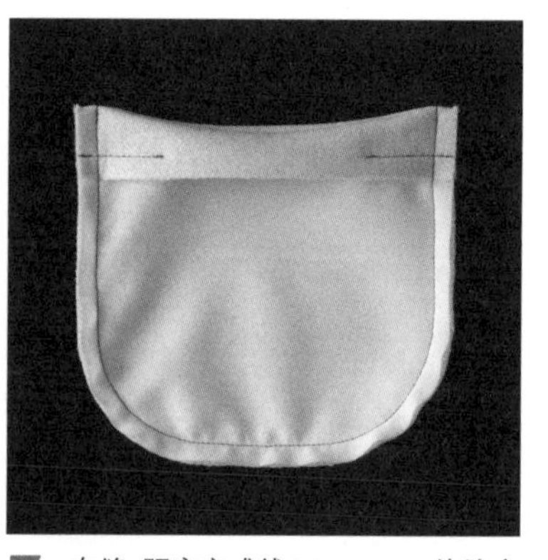

7 车缝。距离完成线0.1~0.2cm处缝合缝份。

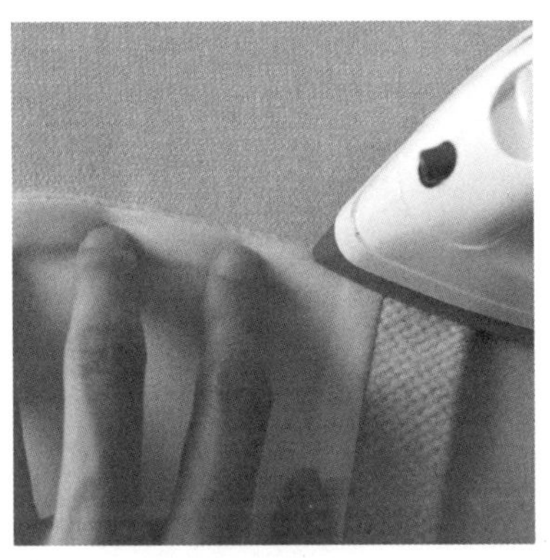

8 从预留口将口袋翻回正面，将内口袋稍往内缩后用熨斗整烫。

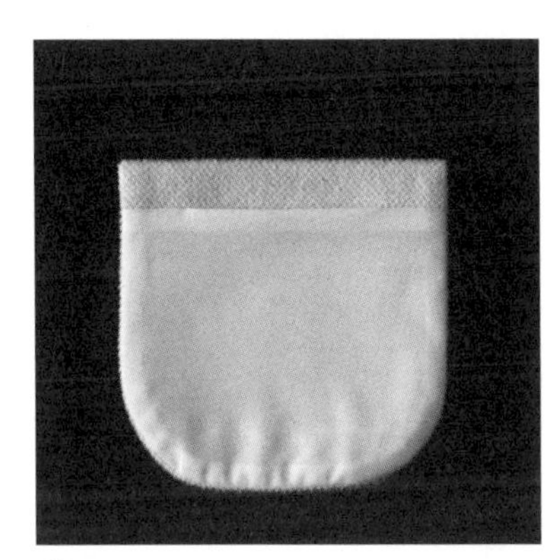

9 缝合后的样子。

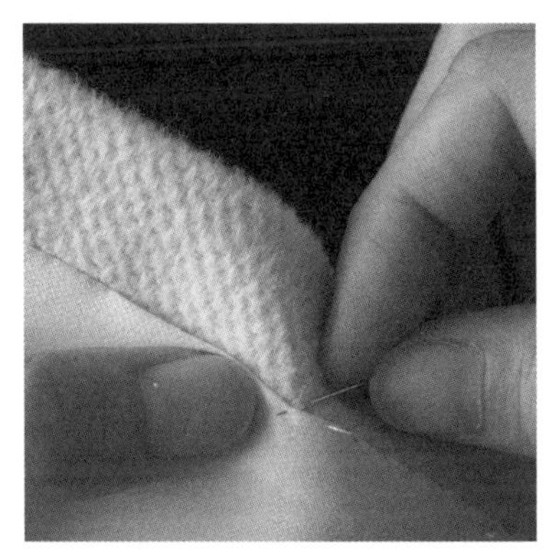

10 预留口进行缭缝。

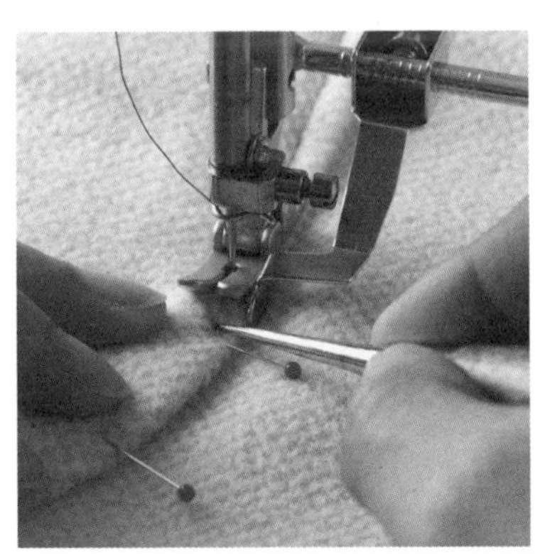

11 用珠针固定在口袋位置上，进行车缝。

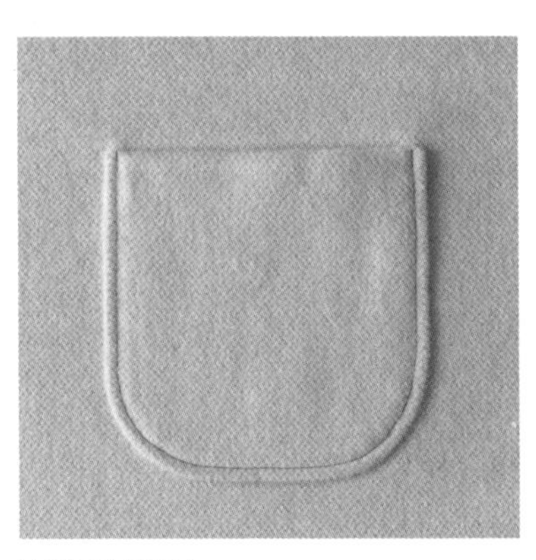

完成图（正面）。

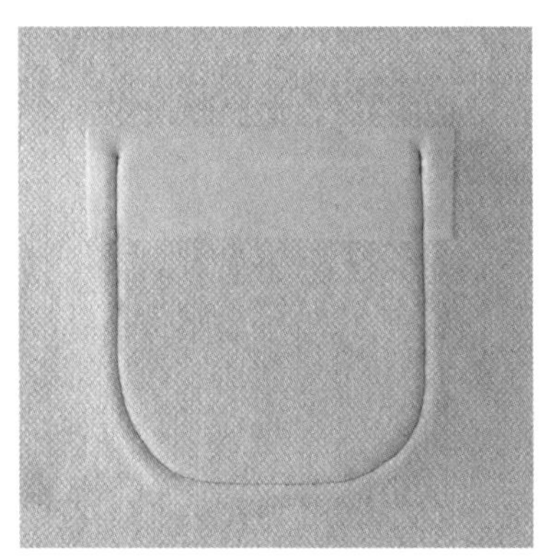

完成图（背面）。

用牙签代替锥子

布料很薄或者用锥子固定觉得不牢固时，可以用牙签代替。

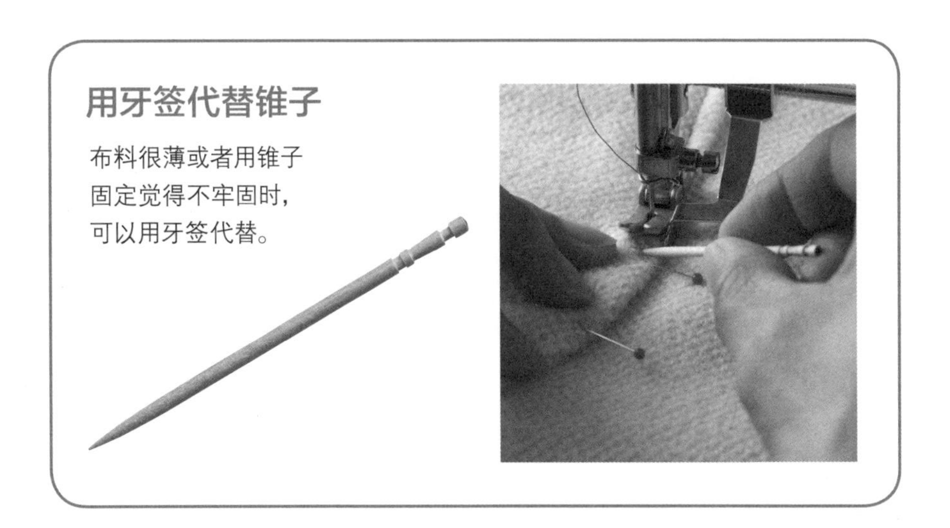

附袋盖贴式口袋

袋盖就是覆盖口袋的盖子，也称为遮雨片。
为遮住口袋口，口袋盖的宽度要比口袋口稍宽一些。

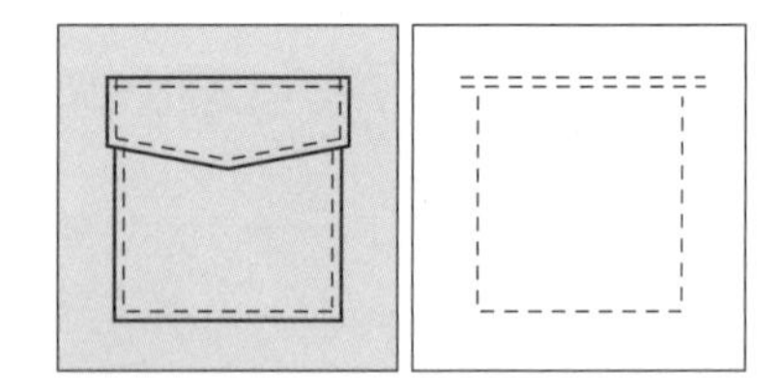

●基本贴式口袋的缝法，参考P.8～P.11

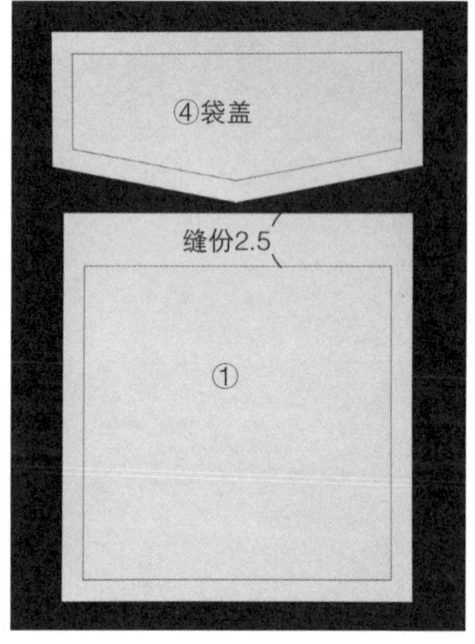

原大纸型①+④，除了特别注明外，缝份一律为1cm。

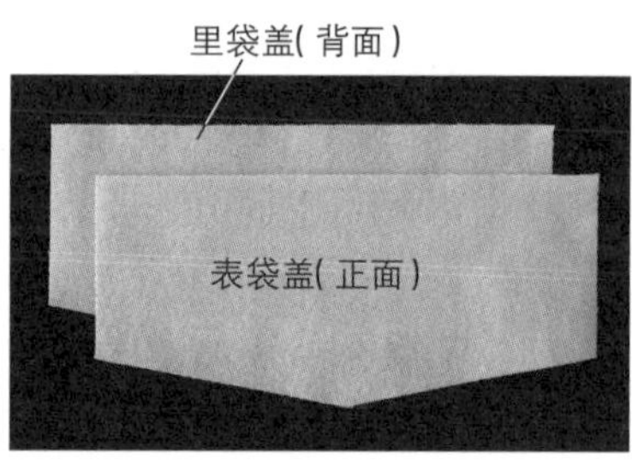

1 裁剪表、里袋盖。布料很薄时，在表袋盖反面贴黏合衬。

2 正面相对叠合，缝合周围。

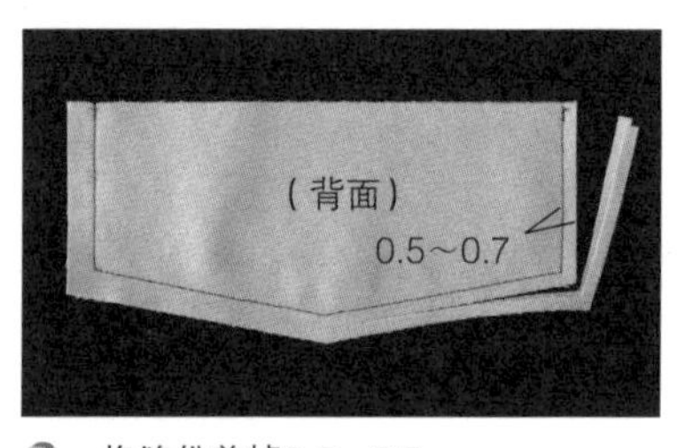

3 将缝份剪掉0.5～0.7cm。

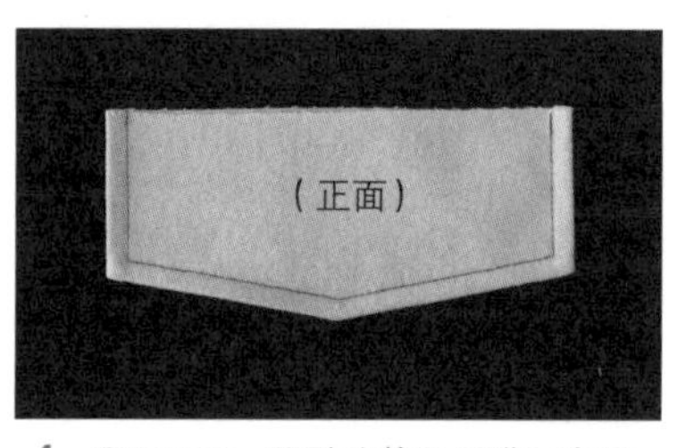

4 翻回正面，用熨斗整烫后进行车缝。

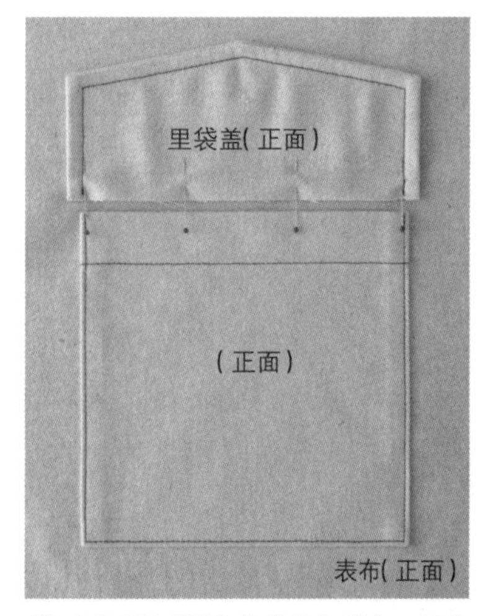

5 正面相对叠合在袋盖位置上，用珠针固定。

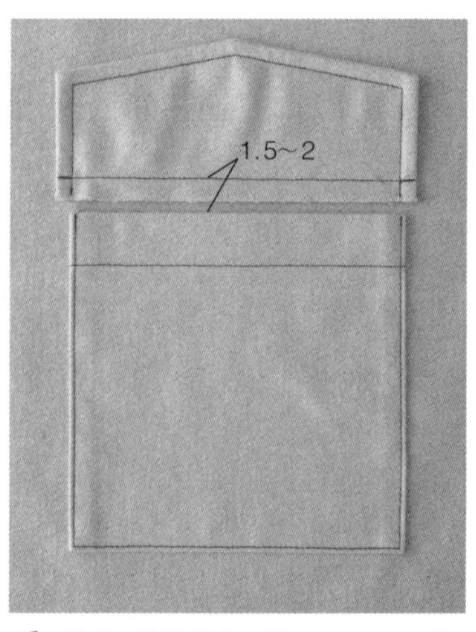

6 缝合。袋盖距离口袋口1.5～2cm处。如果缝得太近，手会很难伸入。

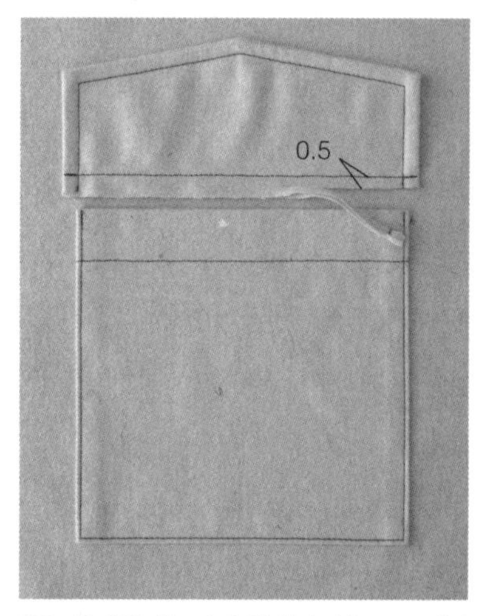

7 修剪缝份，比车缝的宽度(0.7cm)再窄一点。

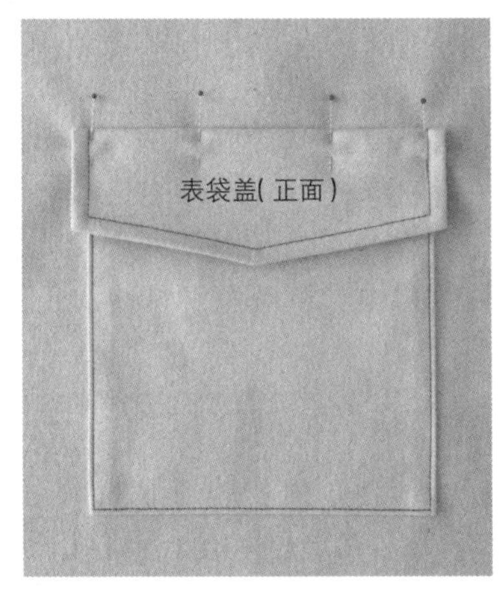

8 袋盖沿完成线折叠，用珠针固定。

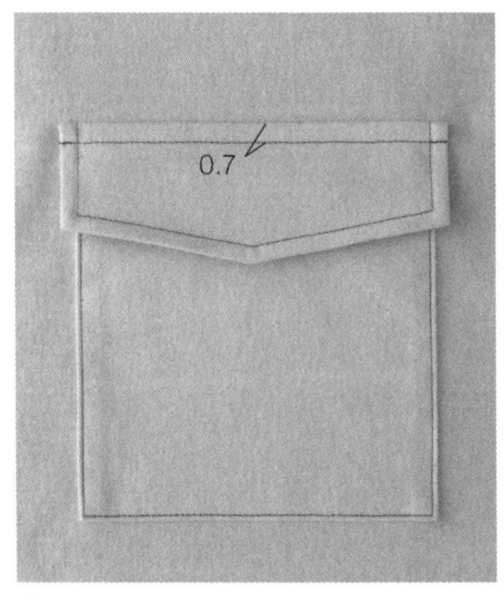

9 进行车缝。完成图(正面)。

完成图。

车缝时注意，不要露出缝份的部分。

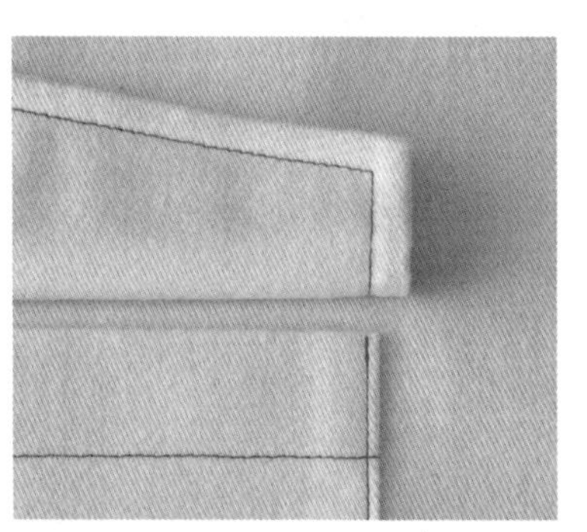

由于袋盖的缝份是收在车缝线范围内，所以看不见。

●不修剪缝份的做法

布料很薄或希望车缝宽度不宽时使用。先处理好布边，就可以不修剪缝份进行车缝。

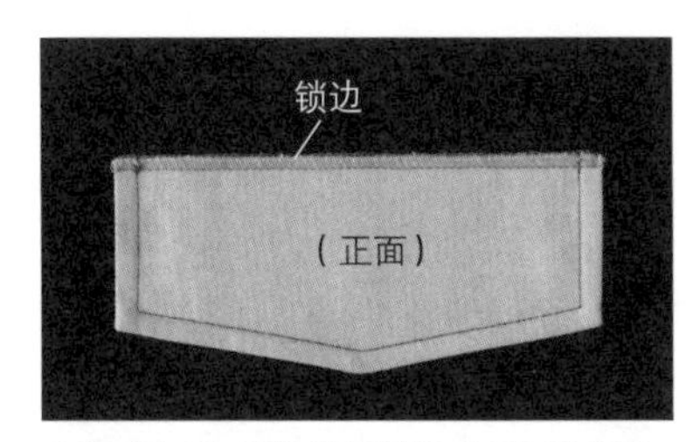

步骤4之后，缝份进行锁边或Z字形车缝。

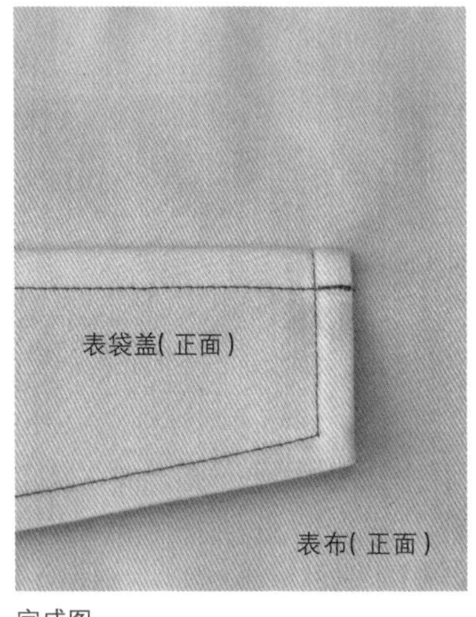

完成图。

如果事先处理，就不用担心绽线的问题。

褶饰口袋 A

褶线在里面靠拢，
缝制出箱形褶(box pleats)的口袋。

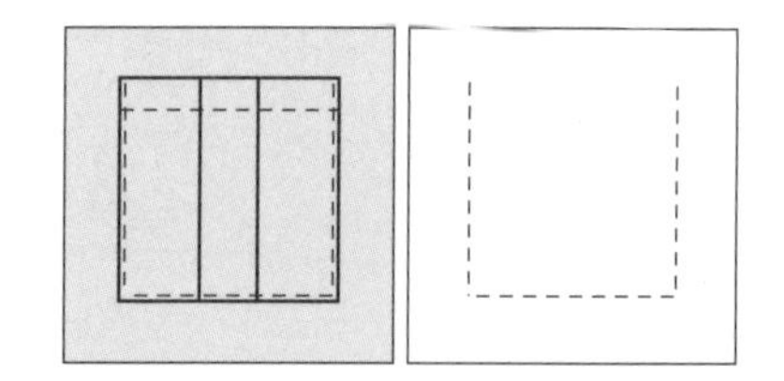

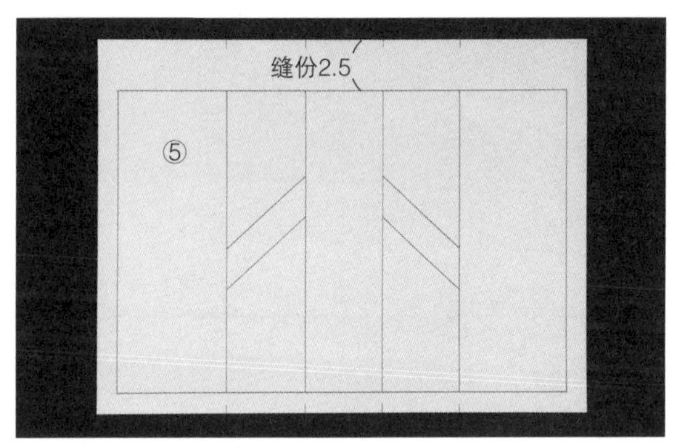

尺寸纸型⑤
除了特别注明之外，缝份一律为1cm。

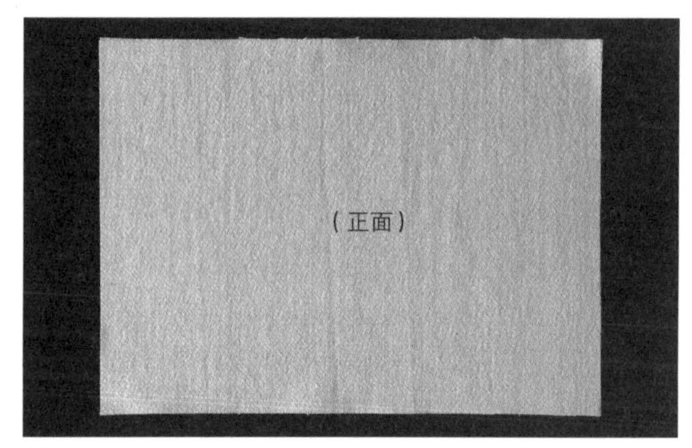

1 裁剪。

2 将口袋口的襞褶折到预定车缝的位置，缝合底部的缝份。

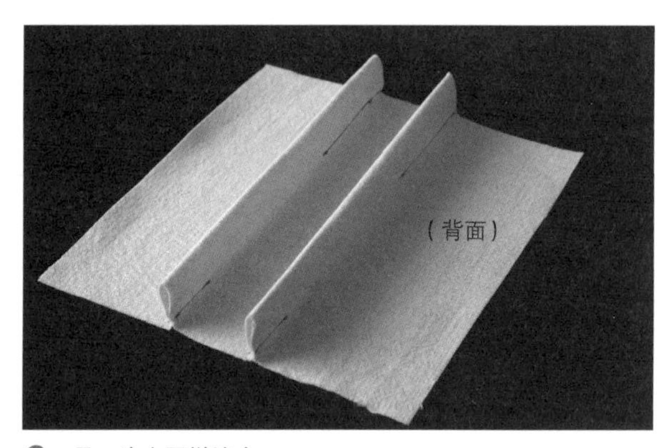

3 另一边也同样缝合。

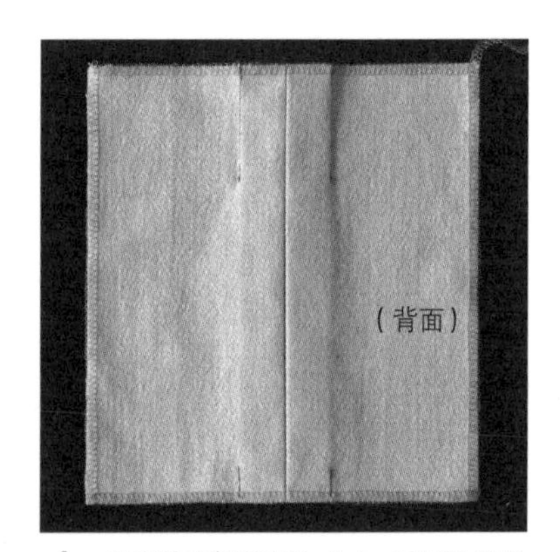

4 将襞褶的褶线倒向中心，周围的缝份进行锁边或Z字形车缝。

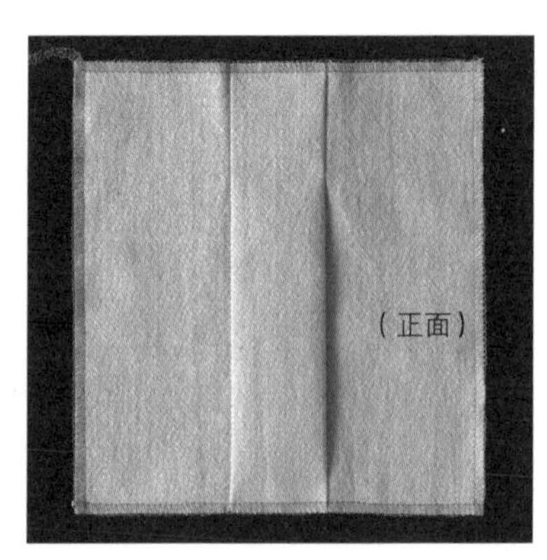

正面图。

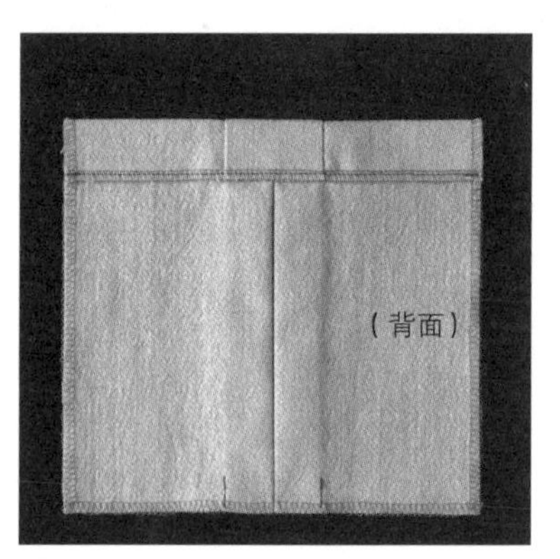

5 口袋口沿完成线折叠，进行车缝。

6 周围的缝份沿完成线折叠。

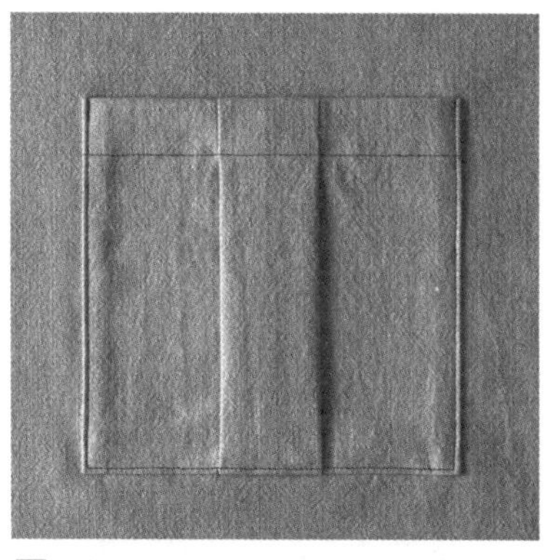

7 车缝固定在口袋位置上。完成图（正面）。

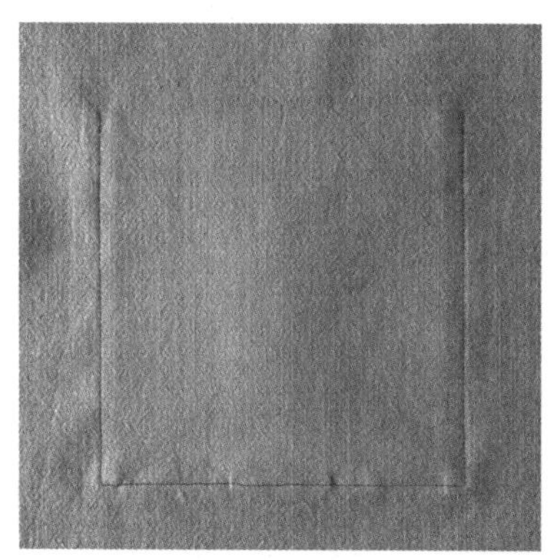

完成图（背面）。

有条纹的布料

●条纹呈同一方向，会给人清爽的感觉

条纹对齐的口袋。

条纹没对齐的口袋。

●条纹、格纹等花纹也是设计的要素

口袋以斜布纹裁剪。

褶饰口袋 B

褶线在表面靠拢在一起，缝制出与箱形褶相反的内箱形褶(inverted pleats)的口袋。

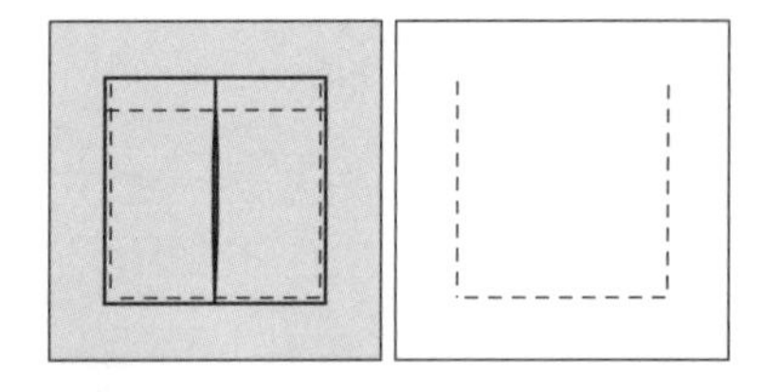

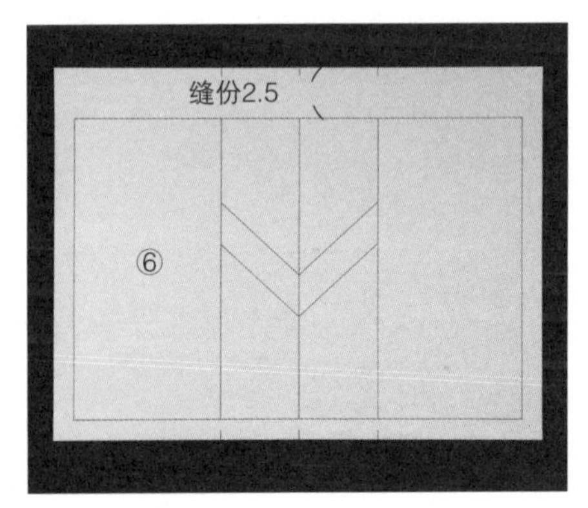

原大纸型⑥
除了特别注明之外，缝份一律为1cm。

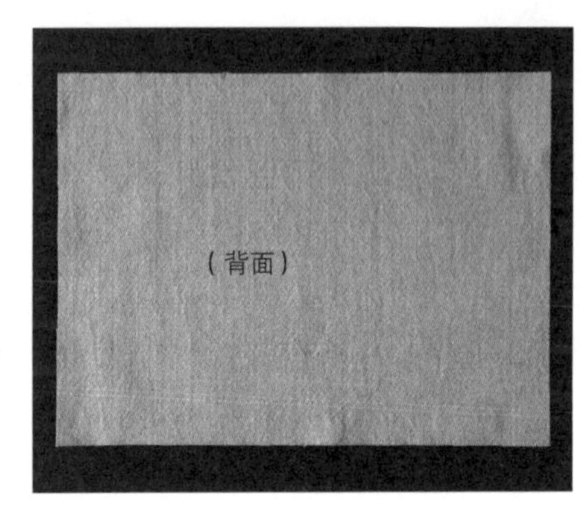

1 裁剪。

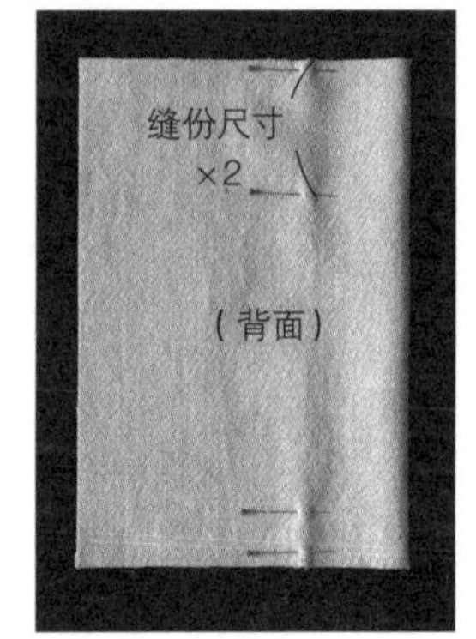

2 将口袋口的襞褶折到预定车缝的位置，缝合底部的缝份。

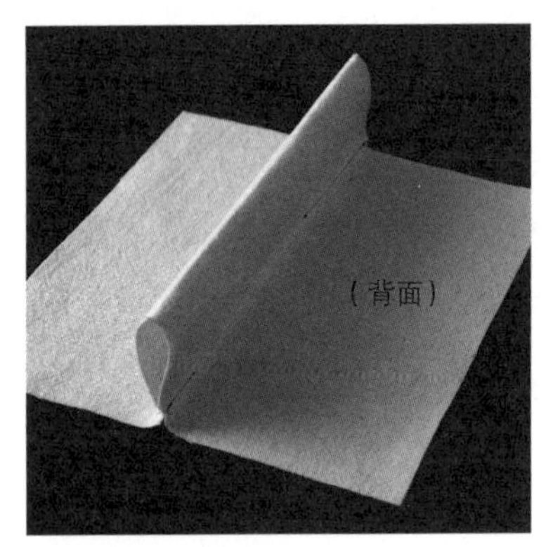

3 缝合的样子。

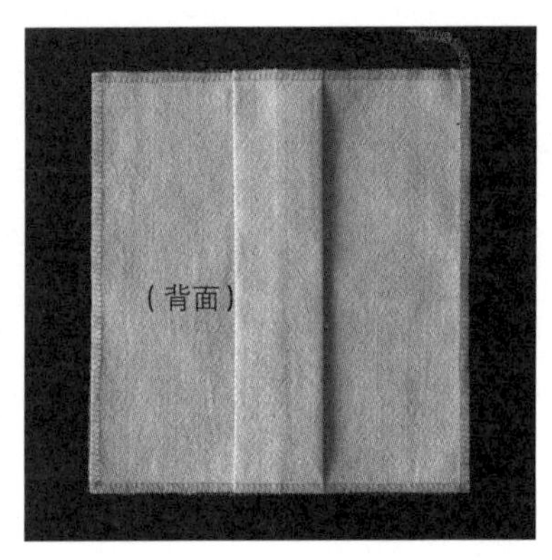

4 整烫襞褶，周围的缝份进行锁线或Z字形车缝。

正面图。

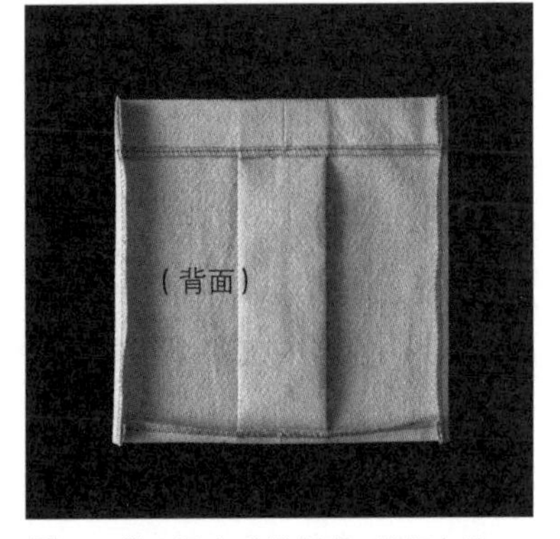

5 口袋口沿完成线折叠，进行车缝。底部与两肋边的缝份也沿完成线折叠。

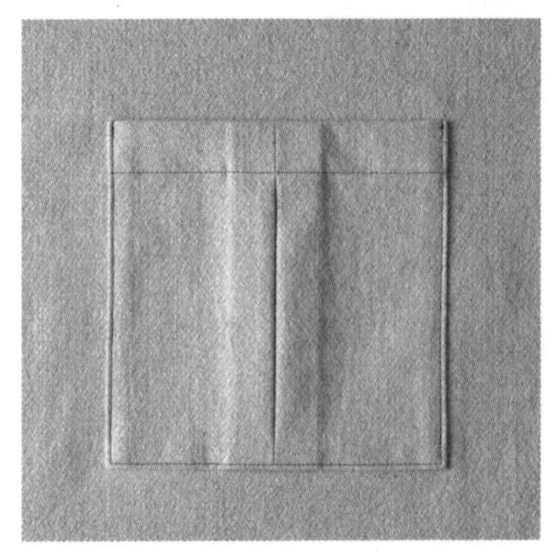

6 车缝固定在口袋位置上。完成图(正面)。

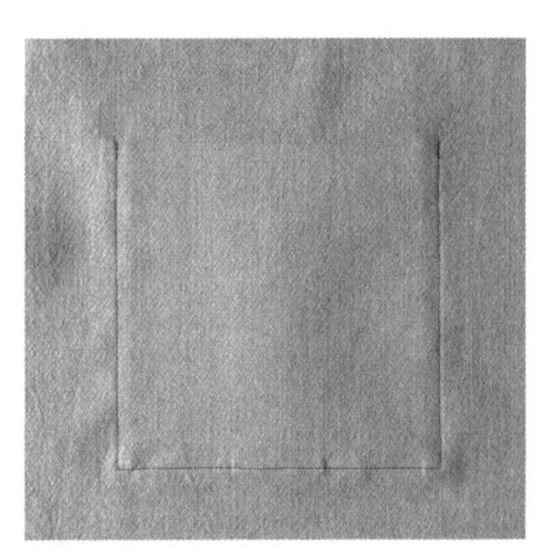

完成图(背面)。

接裆布式口袋

加上裆布让口袋更立体。
由于容易增加，很适合缝在户外休闲服上。

风箱形口袋

缝合部分布料，作出立体的口袋。

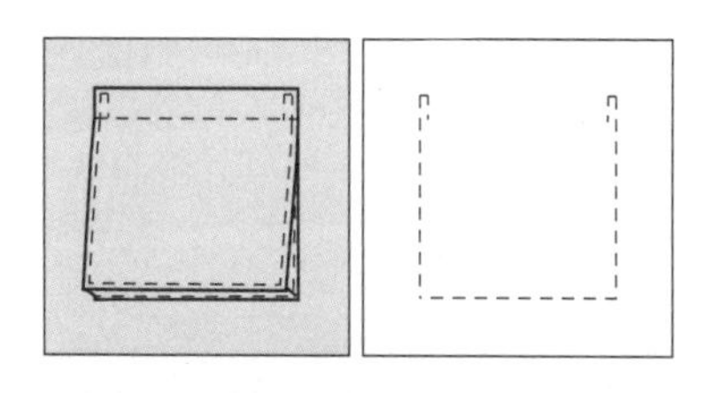

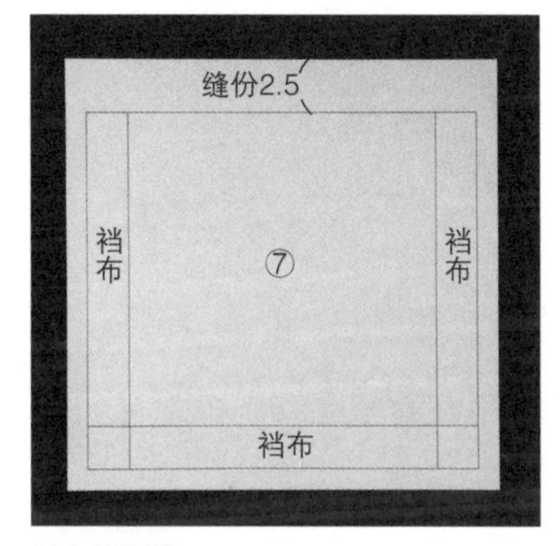

原大纸型⑦
除了特别注明之外，缝份一律为1cm。

1 裁剪。口袋口的缝份进行锁边或Z字形车缝。

2 口袋口完成线折叠后车缝，底部和两肋边也沿完成线折叠。

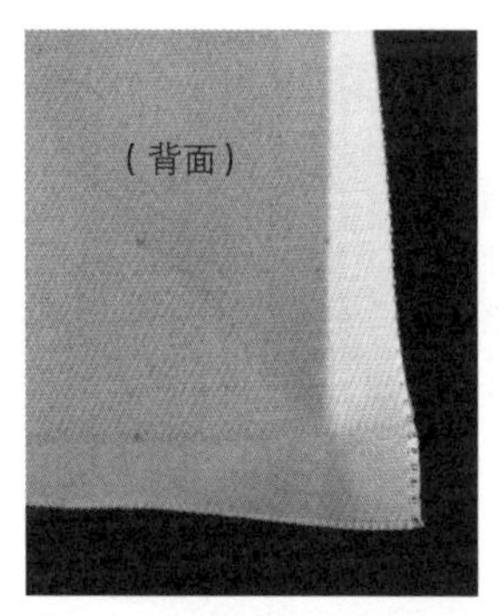

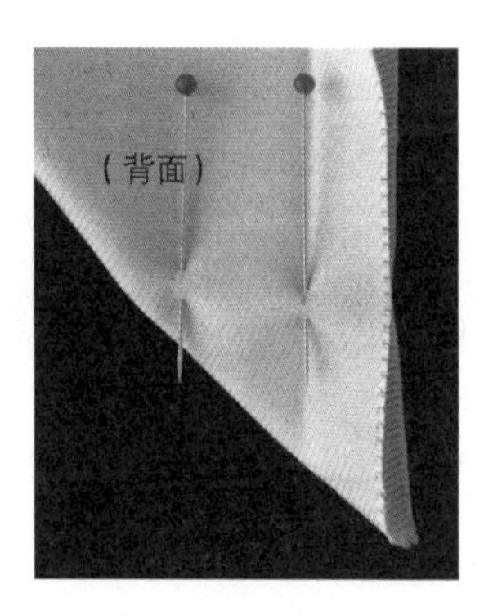

3 对准底部褶痕，正面相对折叠，用珠针固定。

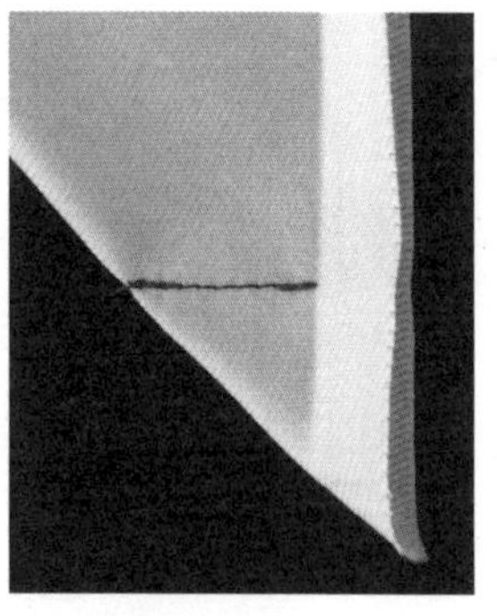

4 车缝裆布。

5 缝份剪成1cm。

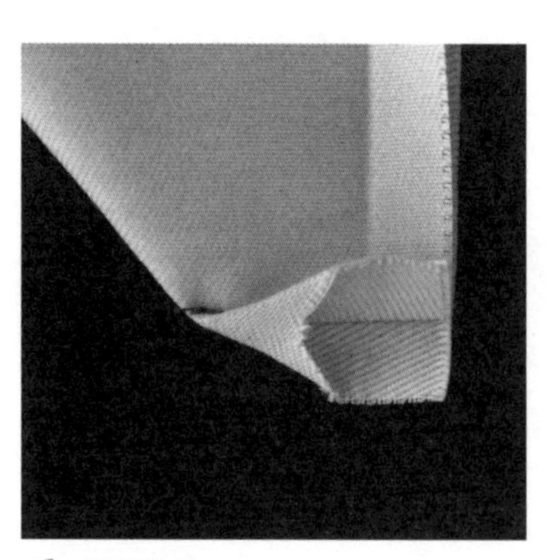

6 烫开缝份。

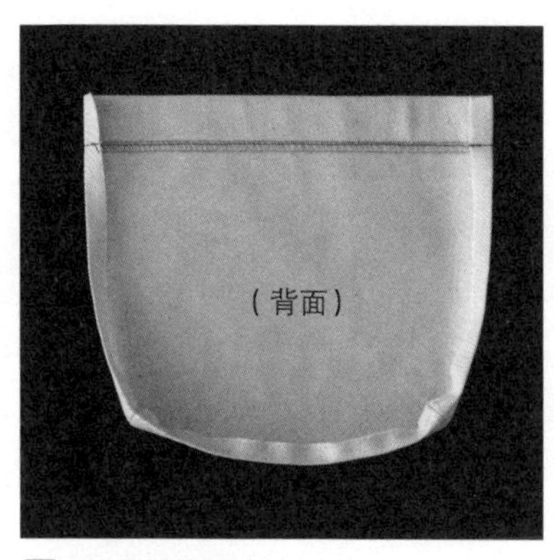

7 两边裆布缝合。

8 为做出硬挺的布边，在布边机缝。

接裆布式口袋

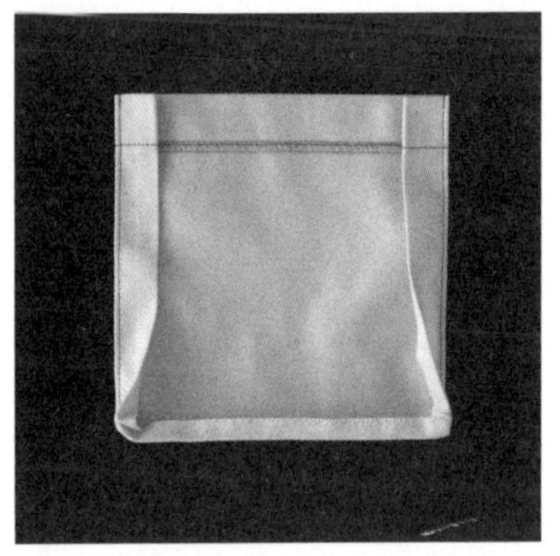

9 布边机缝完成。

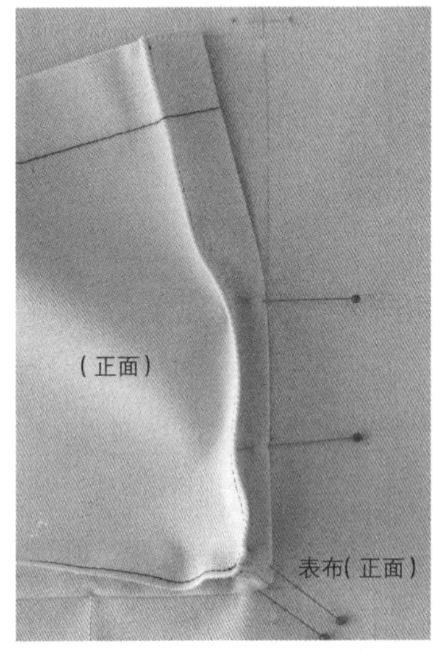

10 叠合在口袋位置上，用珠针固定。

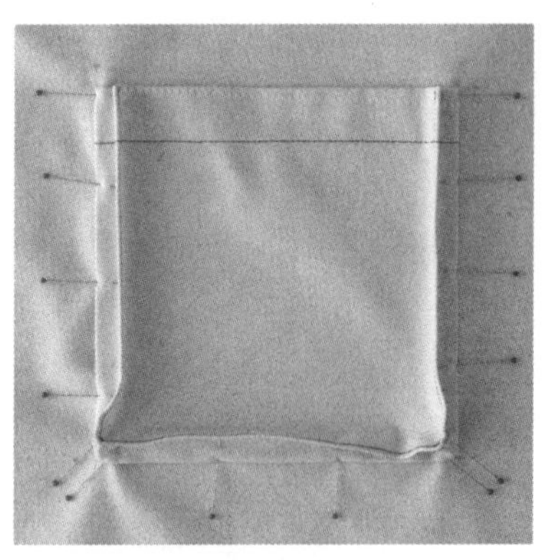

11 整个口袋用珠针固定。

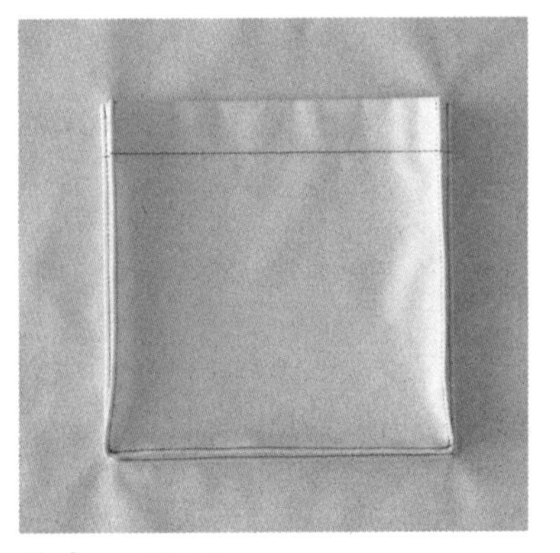

12 车缝固定。

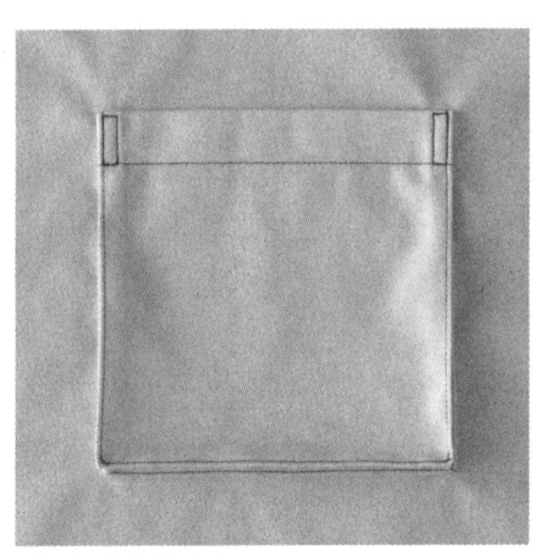

13 折叠口袋口边角，用车缝线固定住。完成图（正面）

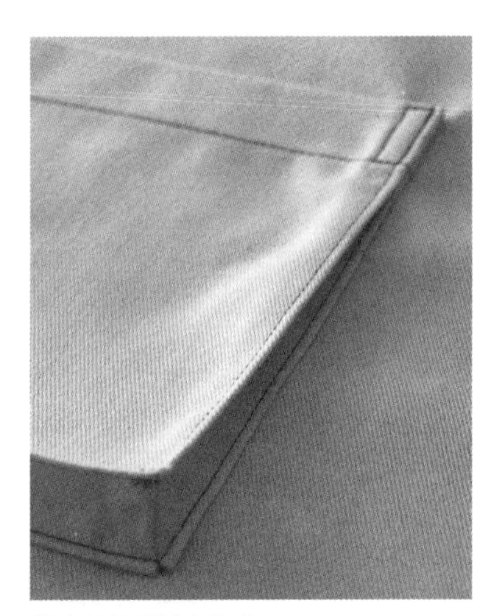

从底部斜看裆布部分。

如果口袋边缘不缝一圈，
成品就会如图蓬松柔软。

拼接裆布式口袋

拼接裆布做出有立体感的口袋。

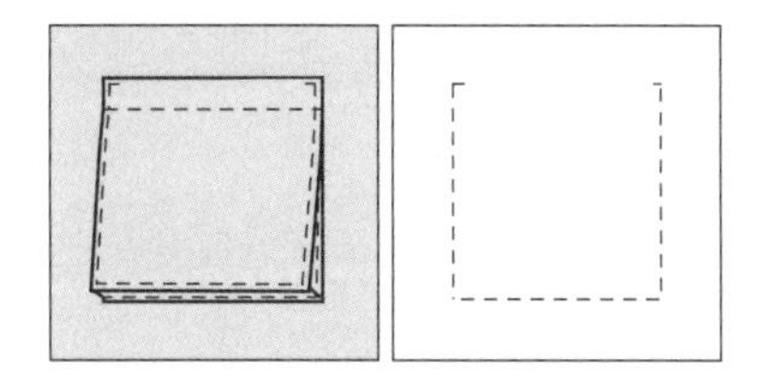

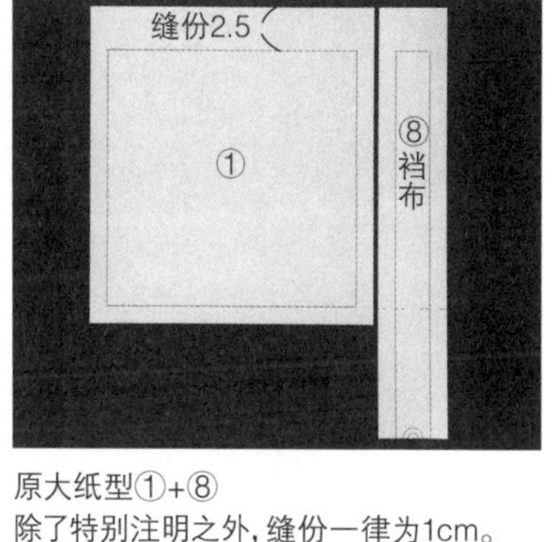

原大纸型①+⑧
除了特别注明之外，缝份一律为1cm。

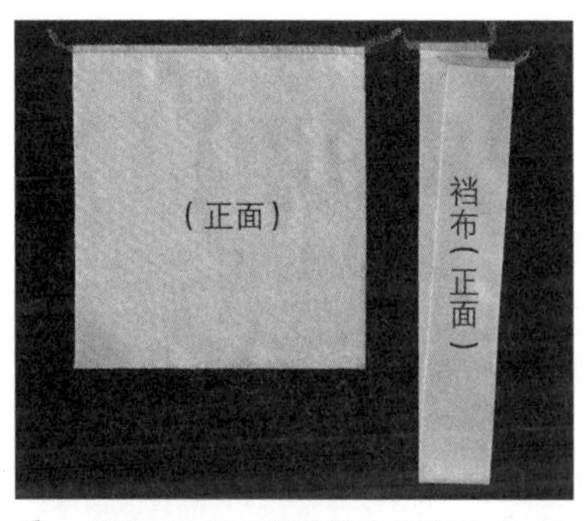

1 裁剪。口袋口的缝份进行锁边或Z字形车缝。

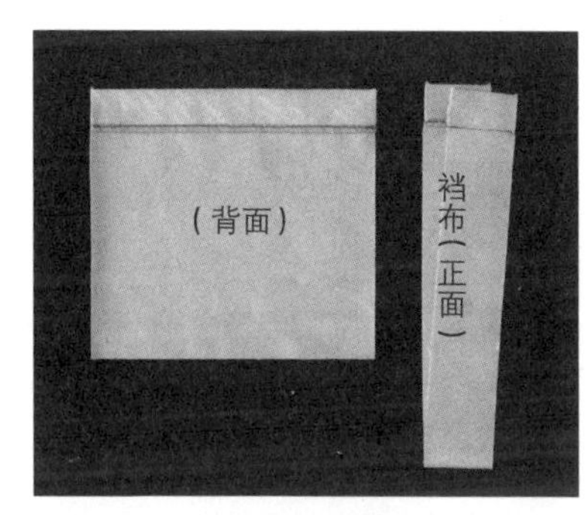

2 口袋口沿完成线折叠后车缝，将裆布一边沿完成线折叠。

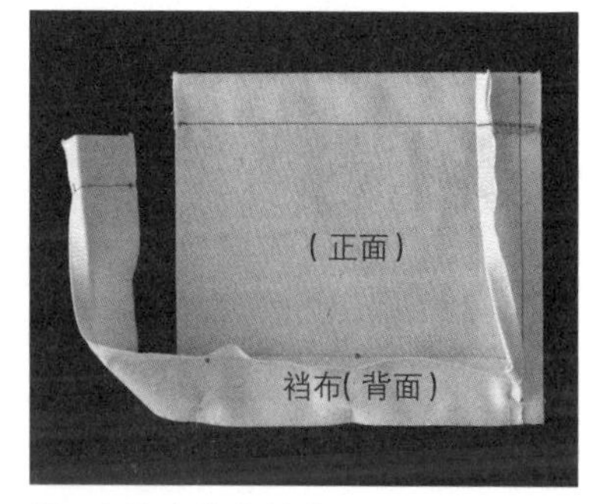

3 在裆布转角处剪牙口，正面相对缝合。

4 裆布缝合后的状态。

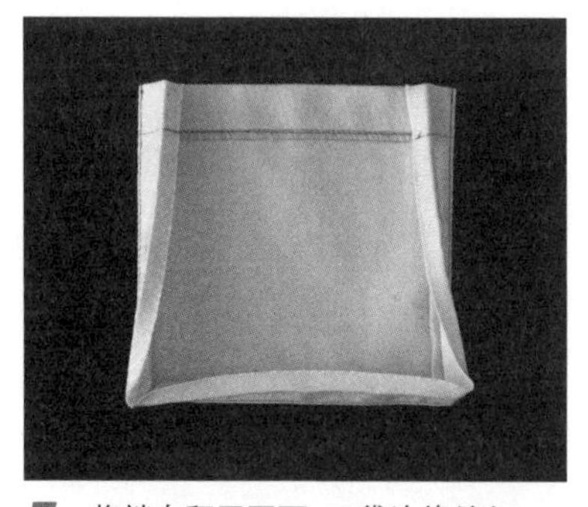

5 将裆布翻回正面，口袋边缘缝纫。

转角处放大图。

正面图。

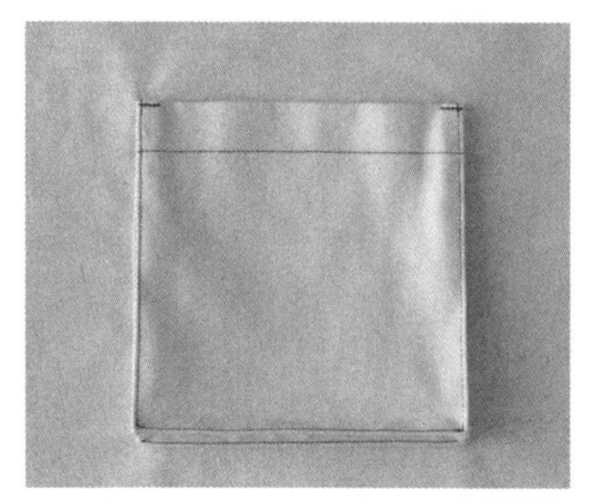

6 车缝固定在口袋位置上，折叠口袋口的两端后于上方车缝。完成图（正面）。

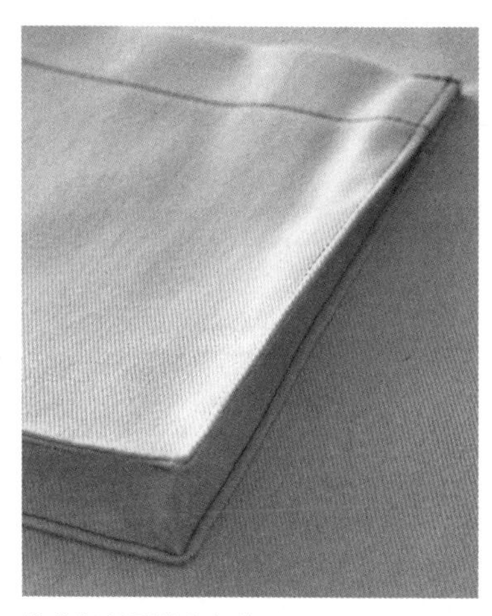

从底部斜看裆布部分。

附拉链贴式口袋

口袋口加装拉链开合的口袋。

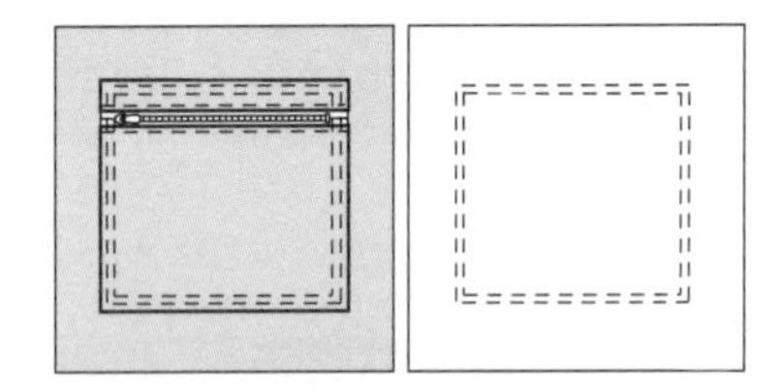

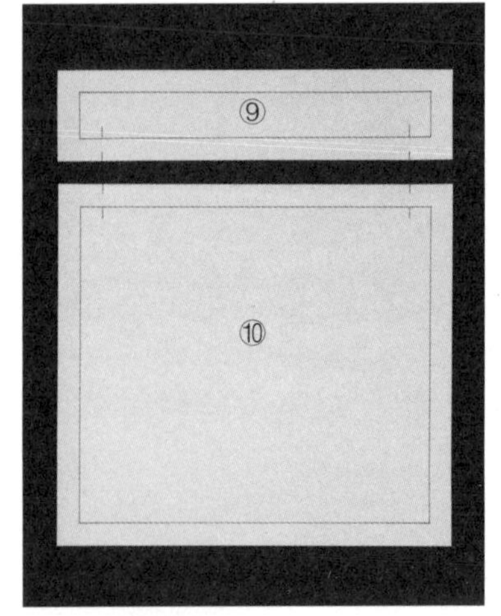

原大纸型⑨+⑩
除了特别注明之外，缝份一律为1cm。

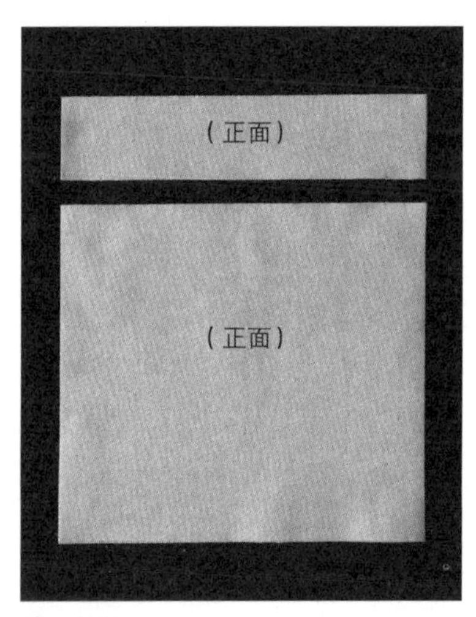

1 裁开。

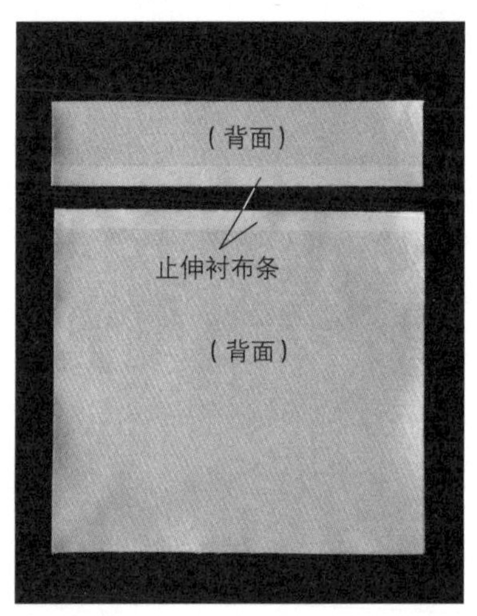

2 在加装拉链处的缝份上贴止伸衬布条。

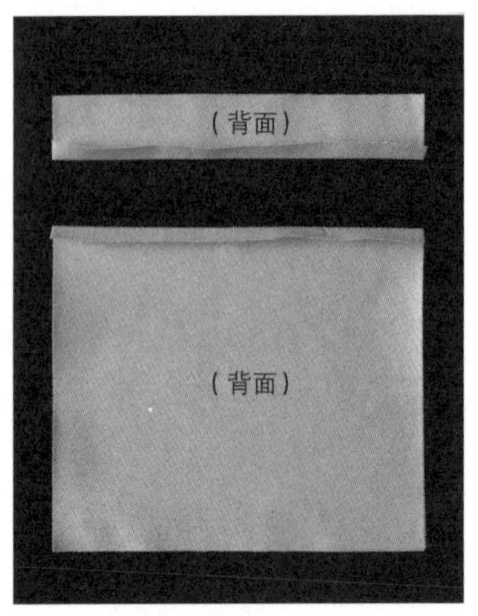

3 沿完成线折叠。

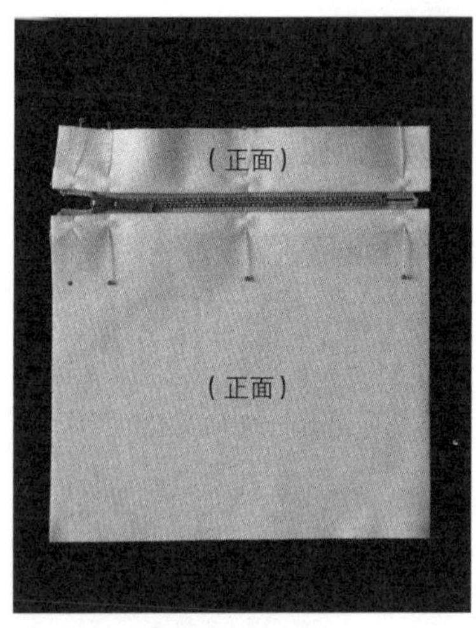

4 用珠针固定拉链与口袋。

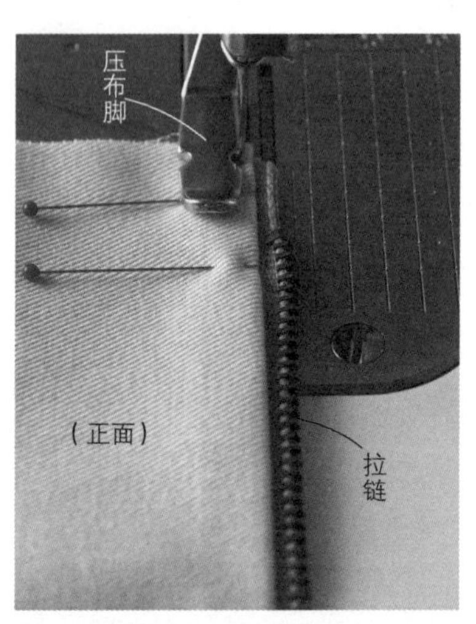

5 用压布脚压住布边后车缝固定拉链。

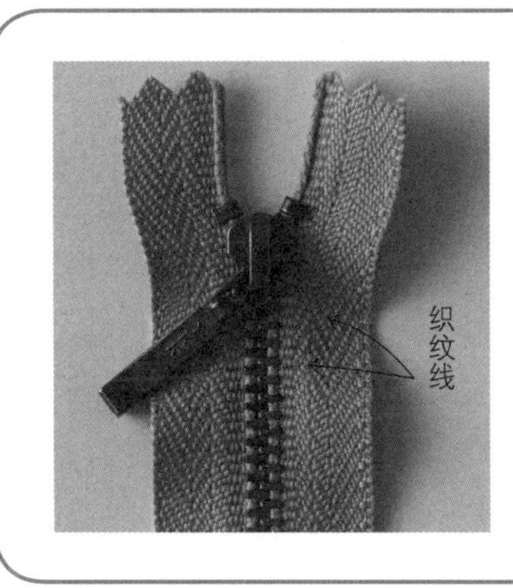

装拉链时，以拉链上的织纹线为参考进行缝纫，会比较容易。

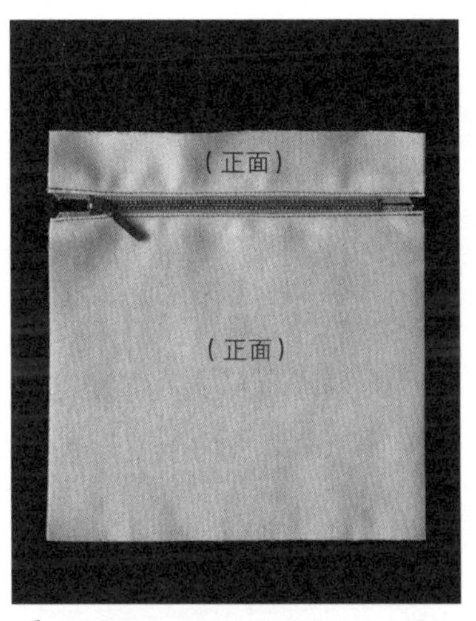

6 上下都缝上拉链的状态。

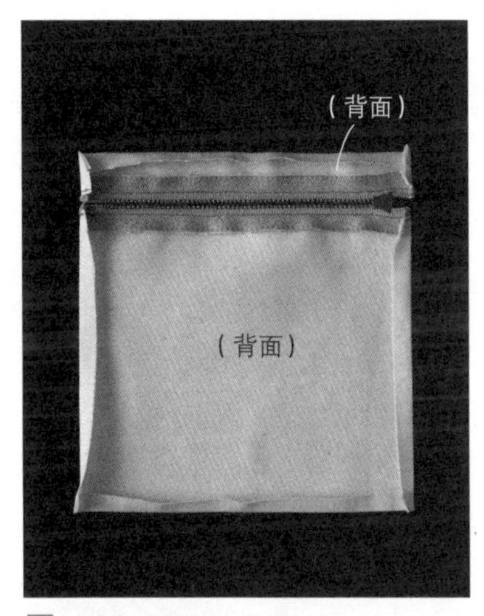

7 沿完成线周边折叠。

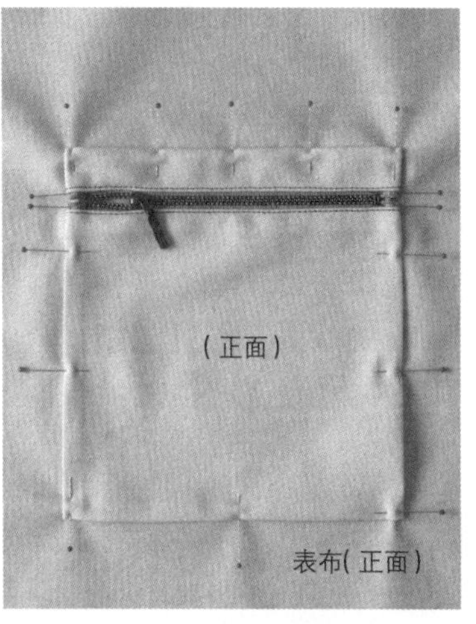

8 叠合在口袋位置上，用珠针固定。

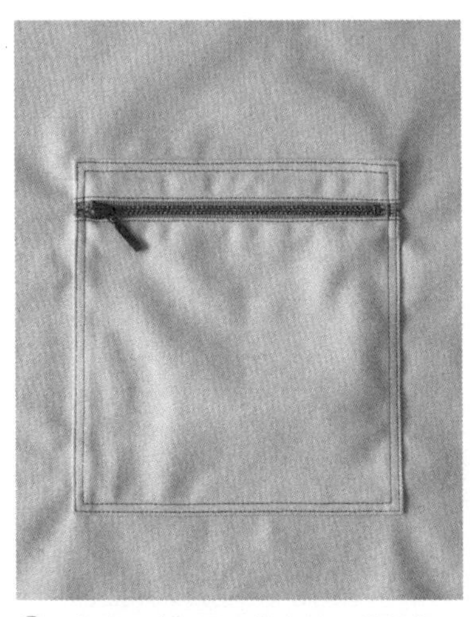

9 车缝固定。用双线车缝，兼具加固拉链两端的作用。完成图(正面)。

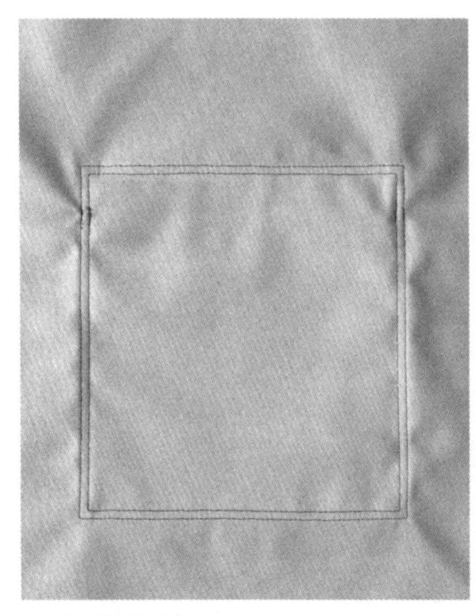

完成图(背面)。

附拉链贴式口袋

看不见车缝线的贴式口袋

不想让人看到车缝线，就要在口袋上隐藏缝份上的缝线。
如果想隐藏口袋口的车缝线时，可进行缭缝。
在袋底车缝直角、圆角都不容易，所以不适用于小型口袋。

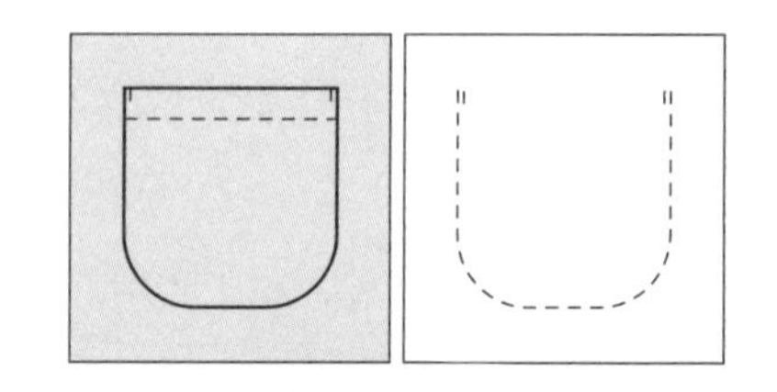

无里布

用一片布进行隐藏车缝线的车缝固定。

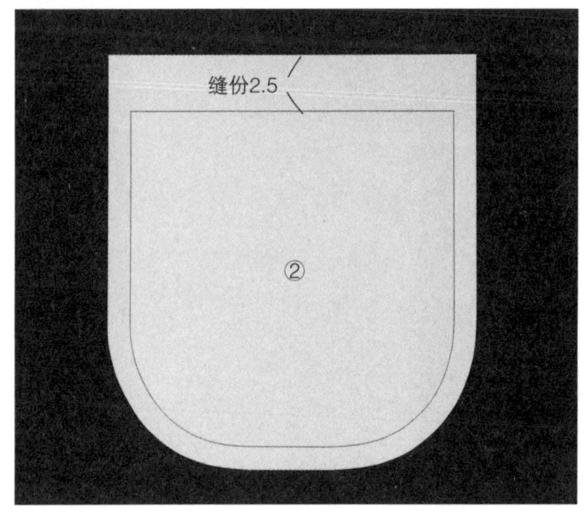

原大纸型②
除了特别注明之外，缝份一律为1cm。

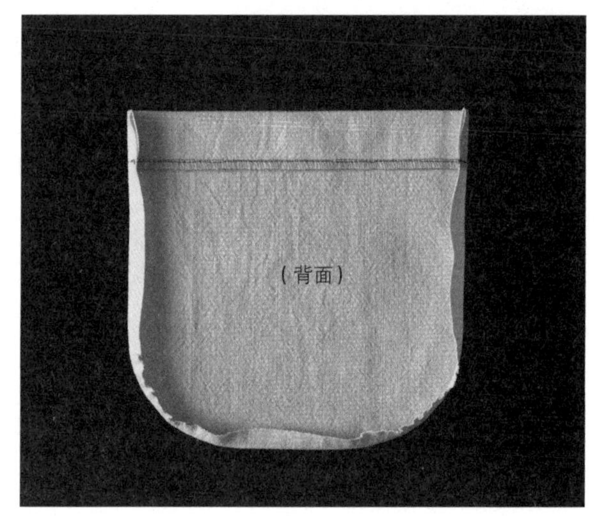

1 参考P.9步骤**1**～**6**制作口袋。

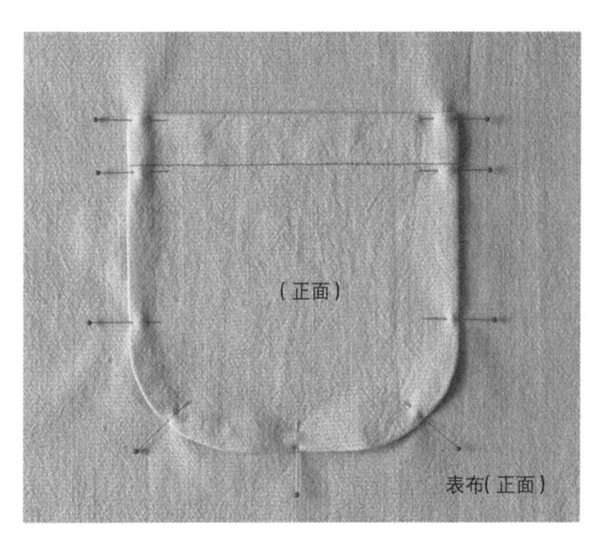

2 叠合在口袋位置上，用珠针固定。

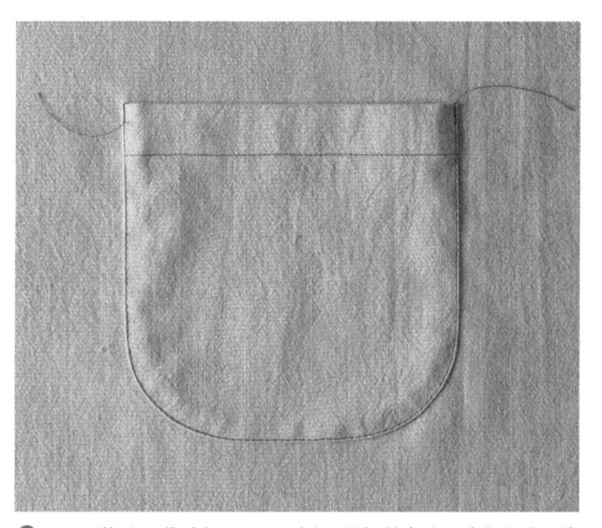

3 尽可能靠口袋边（0.1cm左右），用粗针车缝固定（此时上线张力调松）。

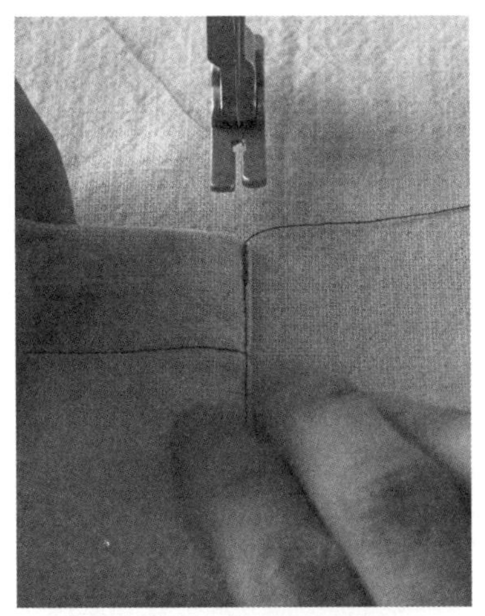

4 从口袋的内侧用缝纫机车缝固定。

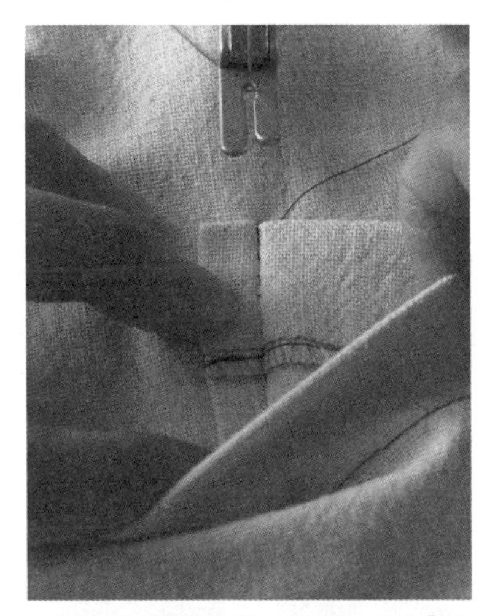

如果翻开口袋的内侧，可以看见步骤3缝好的线是点状的。

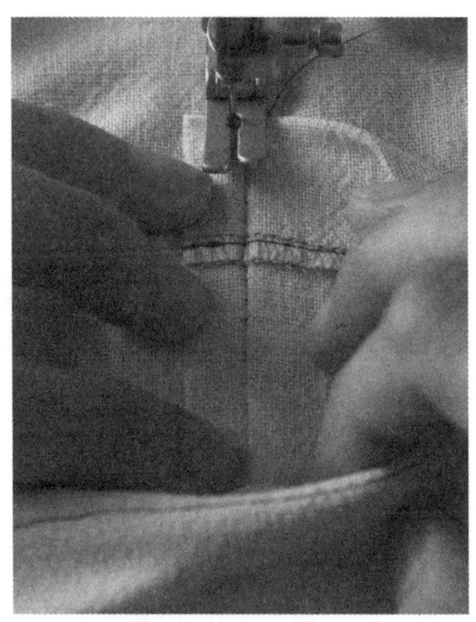

在步骤3缝线旁的缝份位置车缝肋边。

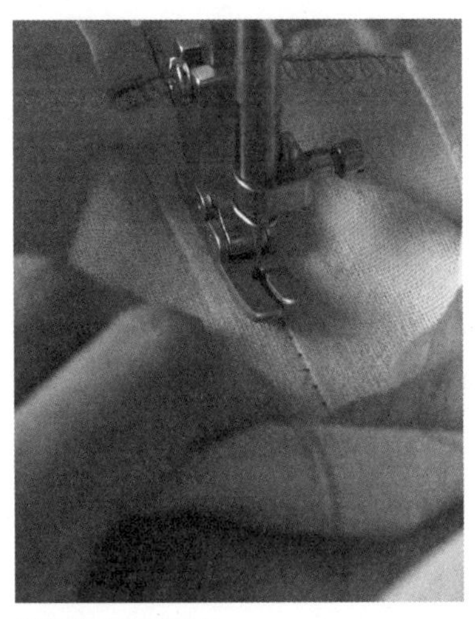

慢慢往内推进车缝。

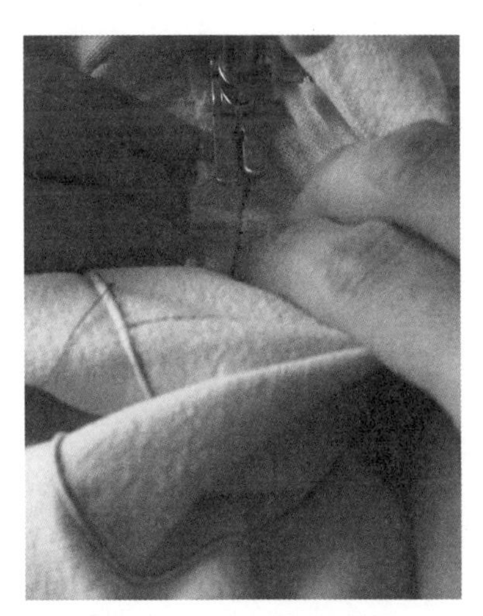

特别是圆弧部分，要更缓慢地推进车缝。

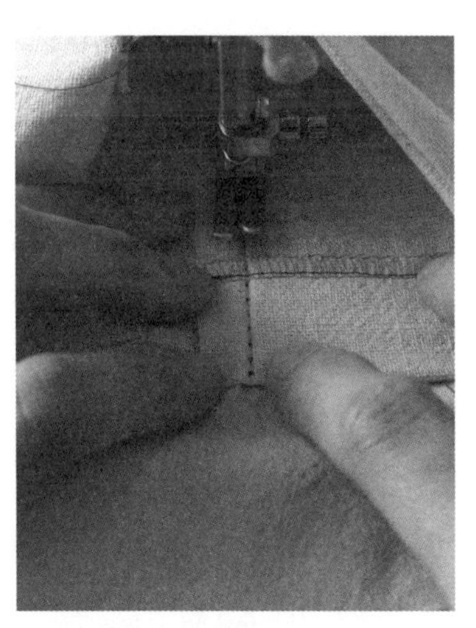

转弯车缝到另一侧的口袋口。

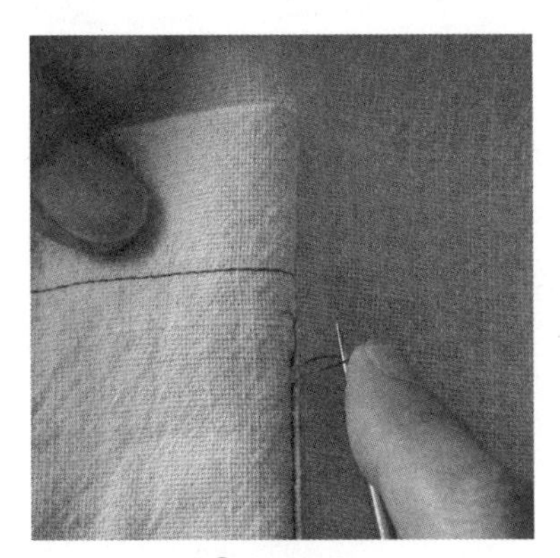

5 拆掉步骤3的缝线。

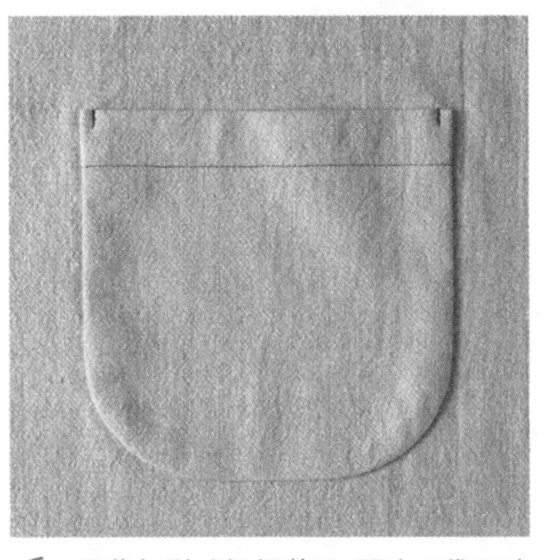

6 用蒸气熨斗轻轻整烫，再在口袋两端车缝加固。完成图(正面)。

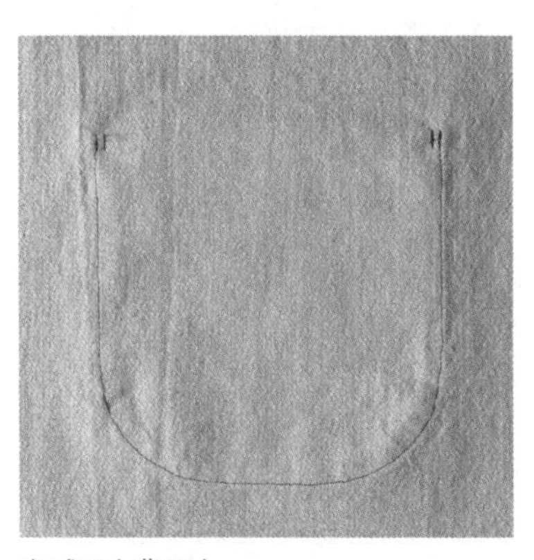

完成图(背面)。

有里布

隐藏车缝线的有里布贴式口袋。
完成后给人很正式的感觉。

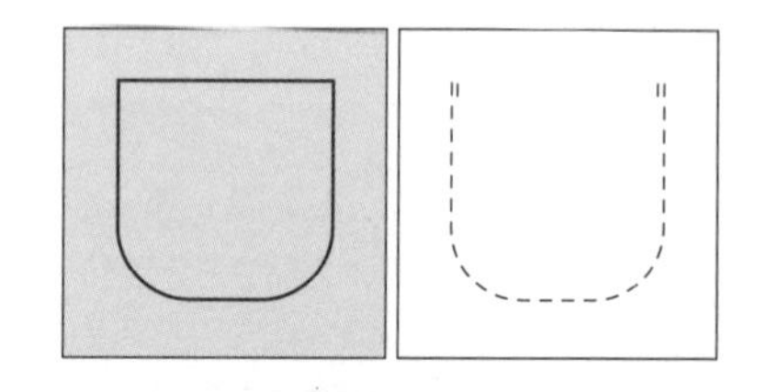

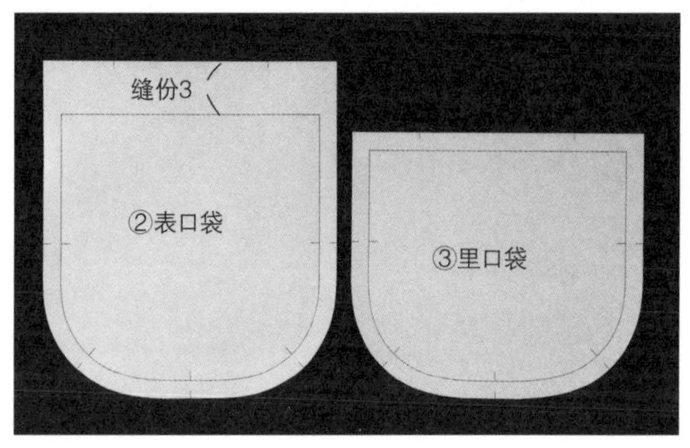

原大纸型②+③
除了特别说明之外，缝份一律为1cm。

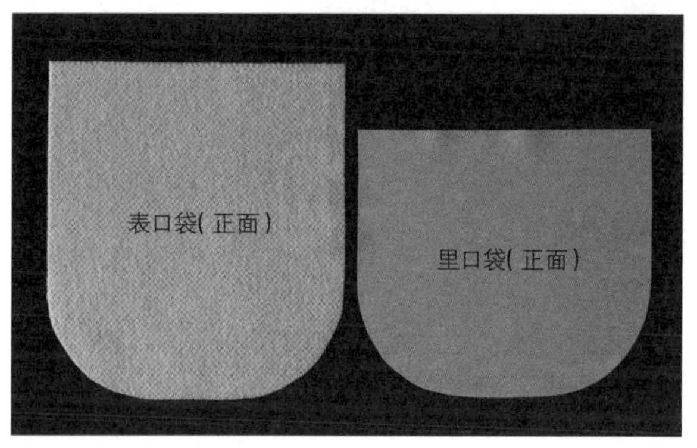

1 裁剪。

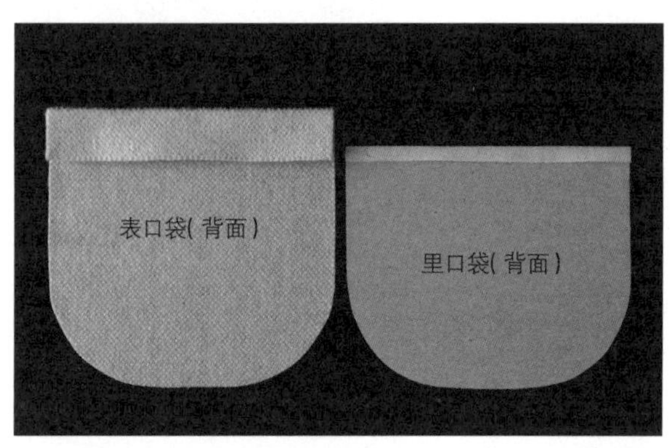

2 在表口袋口背面贴黏合衬（参考P.12步骤2），沿完成线折叠。里口袋折叠缝份（1cm）。

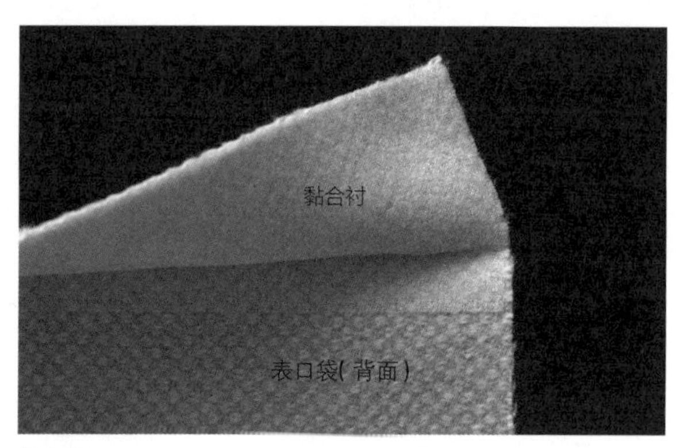

放大图。

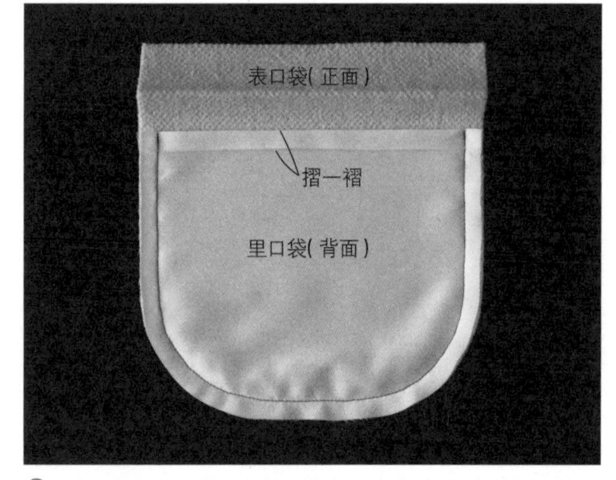

3 表口袋与里口袋正面相对叠合、缝合周围。车缝距完成线0.1~0.2cm的缝份处。

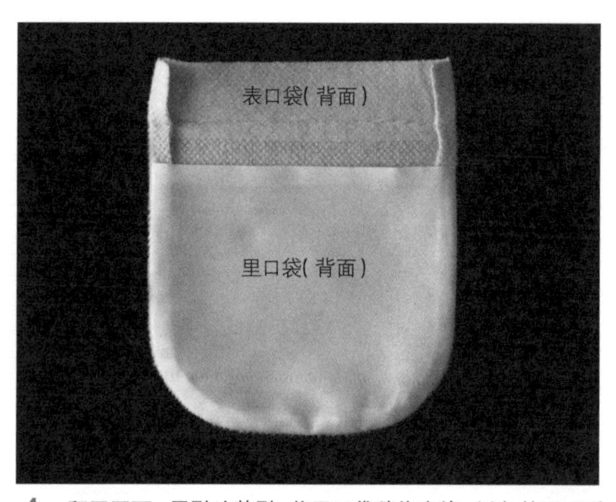

4 翻回正面，用熨斗整熨。将里口袋稍往内缩，以免从正面看见里布。

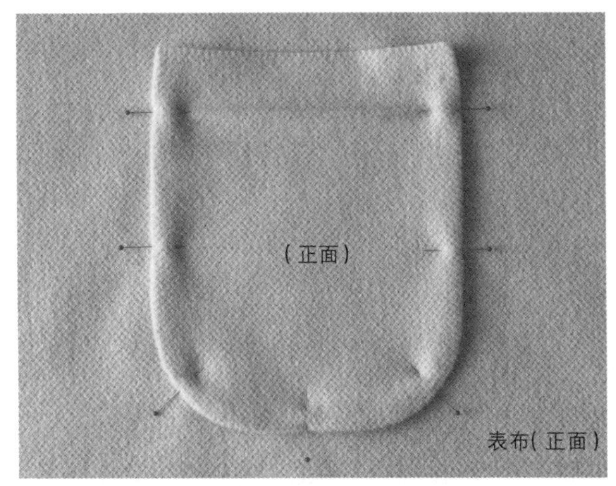

5 在表口袋口背面贴力布（参考P.28完成圆背面），口袋口的缝份不处理布边，用珠针固定在口袋位置上。

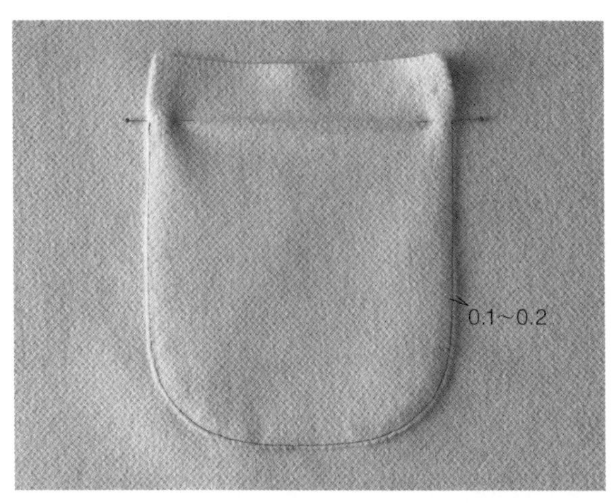

6 从口袋口一端，用粗针车缝到另一端。此时上线张力要调松一点。

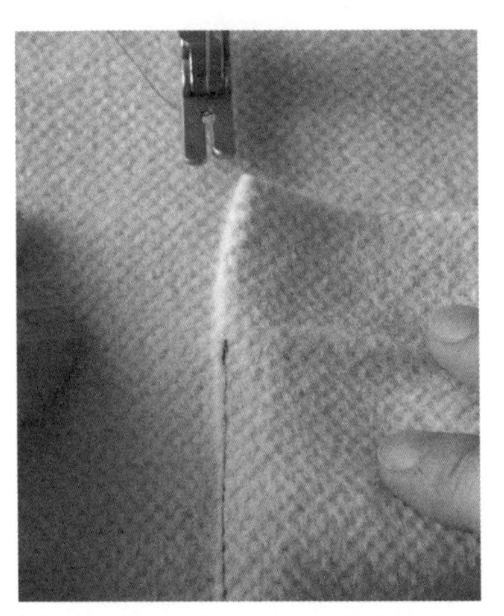

7 从口袋的内侧用缝纫机进行车缝固定。

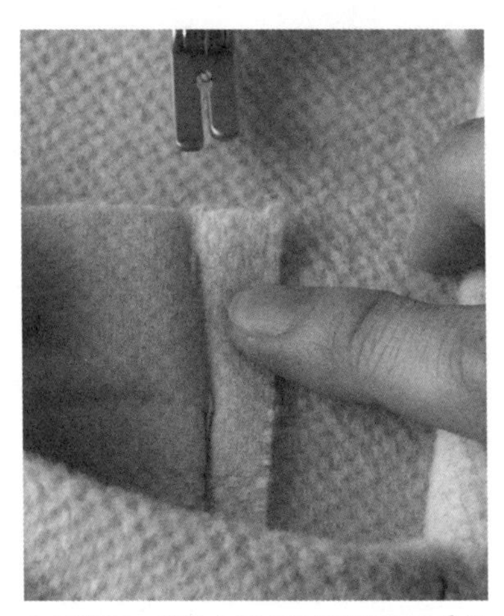

如果翻开口袋的内侧，可以看见步骤6的缝线是点状的。

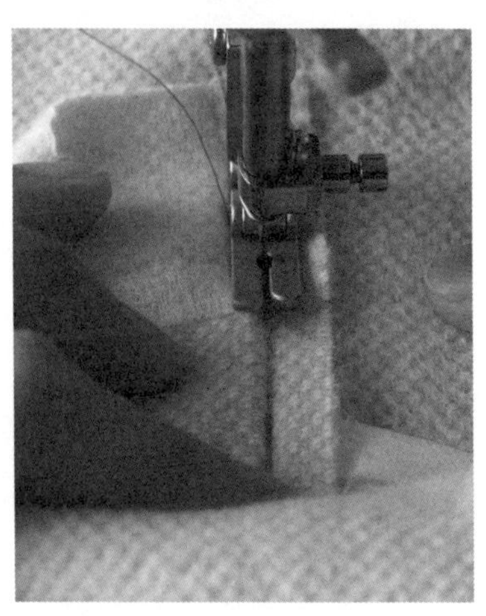

在步骤6缝线旁的缝份位置车缝肋边。

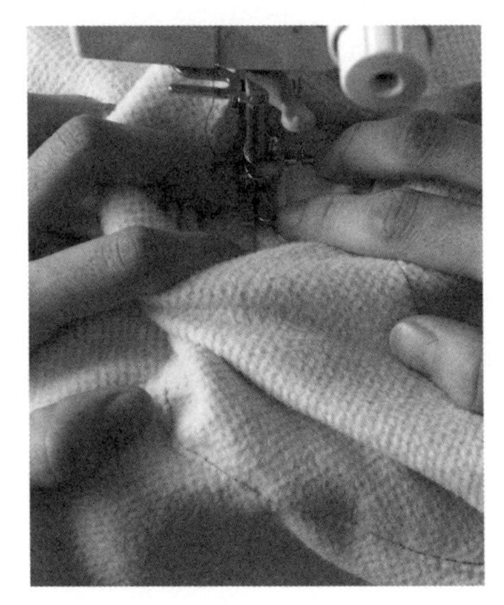

慢慢往内推进车缝。

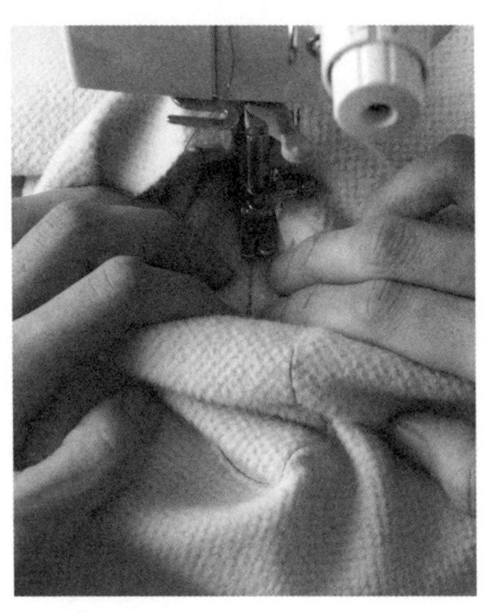

特别是圆弧的部分，要更缓慢地推进车缝。

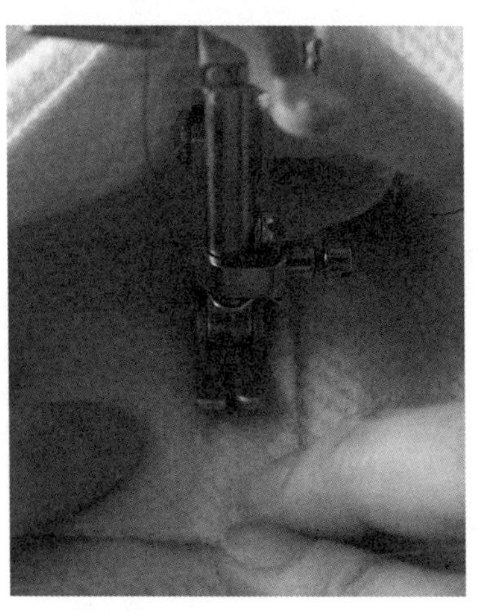

转弯车缝到另一侧的口袋口。

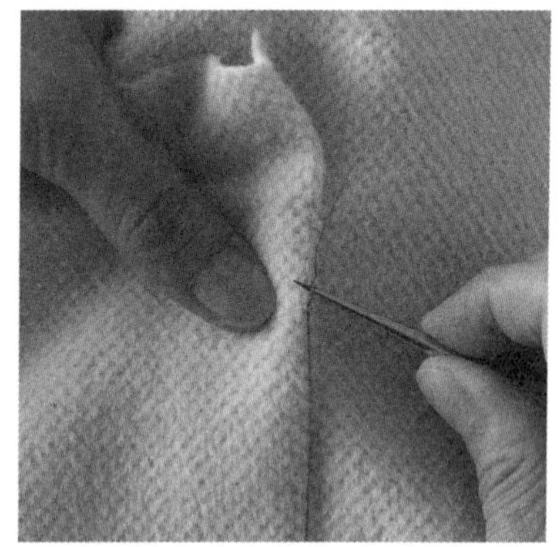

8 折掉步骤6的缝线。

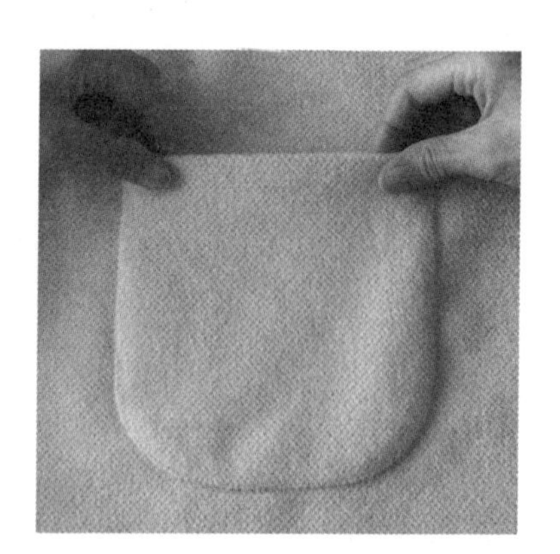

9 将口袋口的缝份往内折。

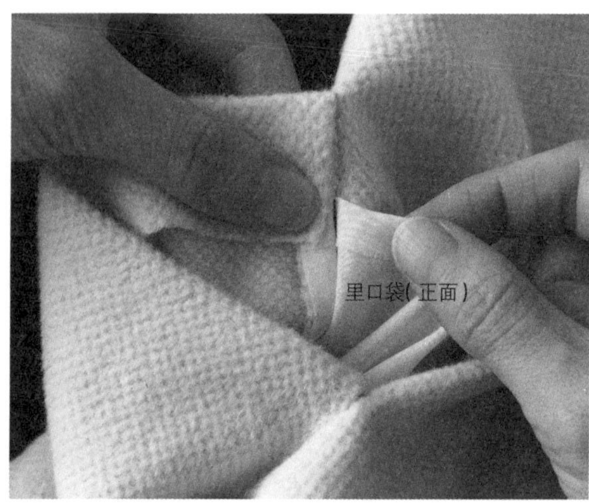

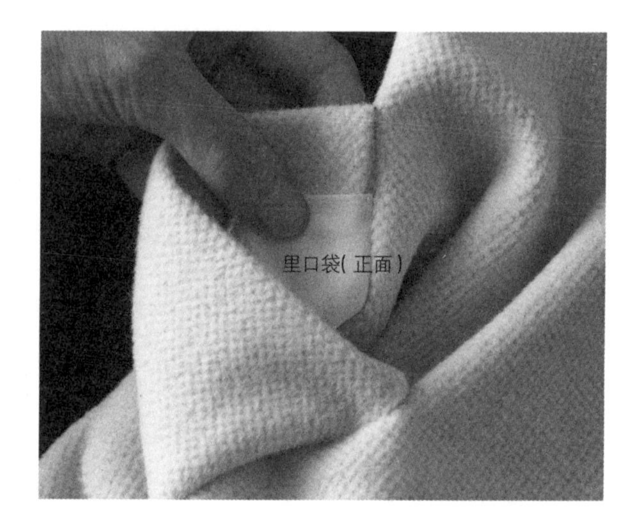

10 口袋口缝份用里布盖住隐藏起来。

11 用缭缝缝合里口袋。

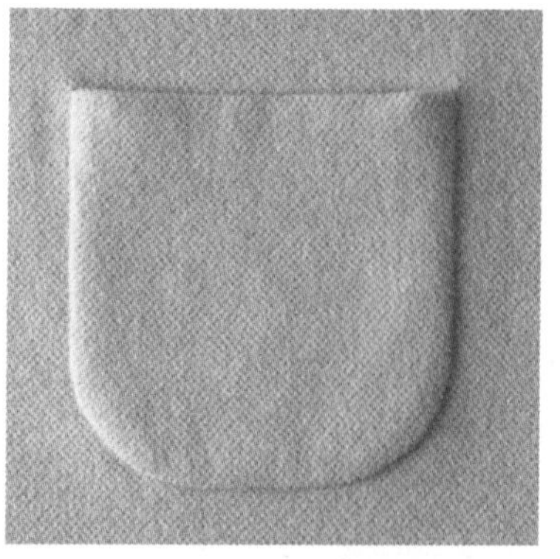

12 用蒸汽熨斗轻轻整烫，再从口袋两端的背面进行加固用的星止缝(参阅P.63)。完成图(正面)。

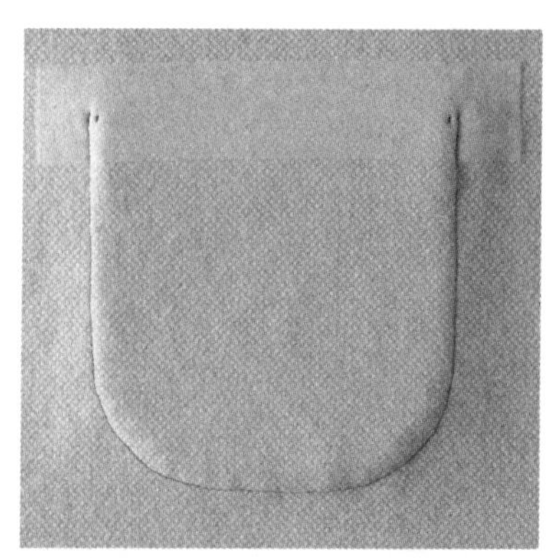

完成图(背面)。

切开式口袋
Set in Pocket

Set in是"嵌入""缝入"的意思，

剪牙口后在里面加装口袋，是"切开式口袋"的总称。

肋边线口袋

利用肋边制作，是从表面看不见的口袋。

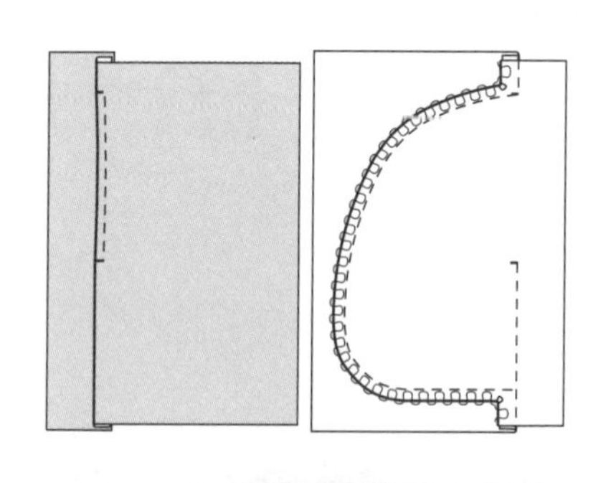

连裁袋布

由于表布与袋布连裁，所以要注意布料的尺寸是否足够。
布料不够时，就要接缝袋布（参阅P.32）。

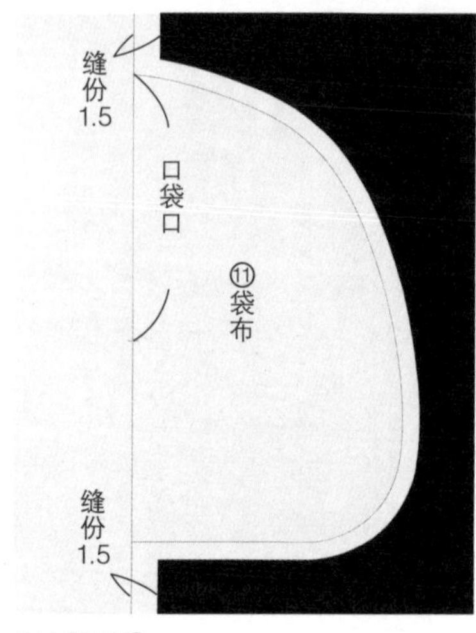

原大纸型 ⑪
除了特别注明之外，缝份一律为1cm。

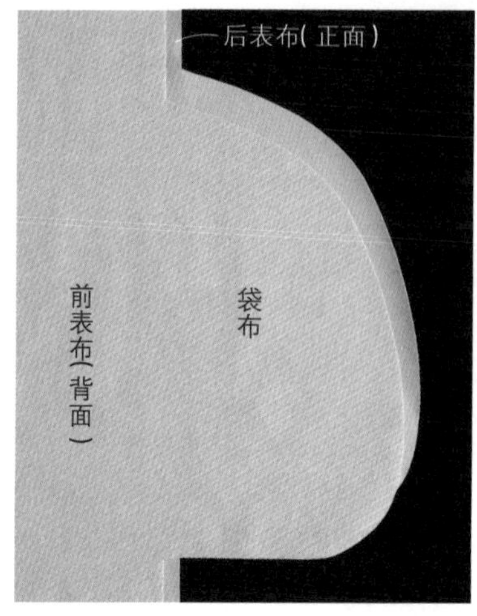

1 裁剪。

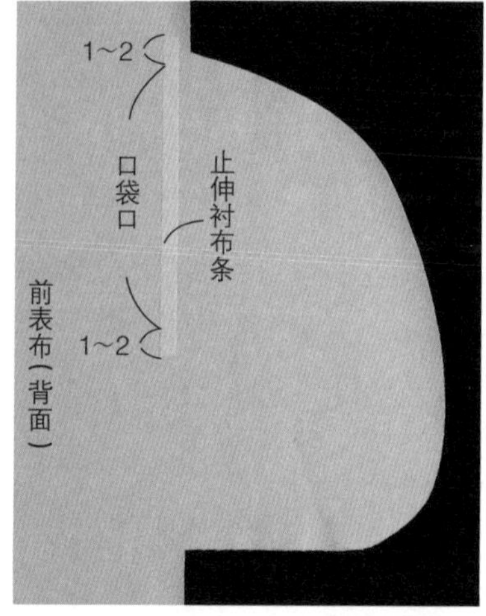

2 在前侧口袋口背面贴止伸衬布条。

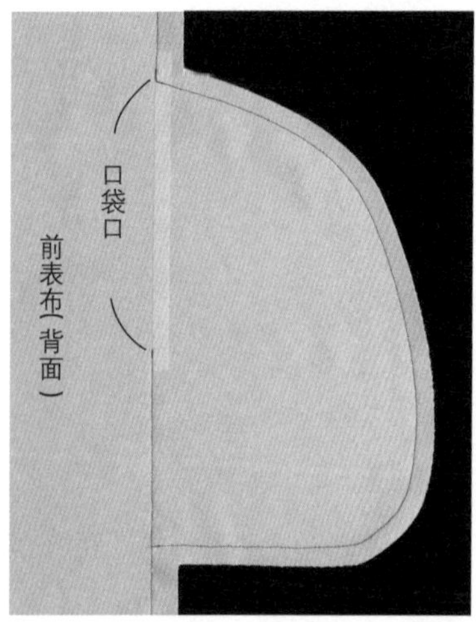

3 前后表布正面相对叠合后车缝，口袋也一起车缝，只留下袋口不缝。

●缝份进行锁边或Z字形车缝

4 处理缝份。用Z字形车缝处理时，要剪一点牙口，以便转角处进行车缝（如果使用锁边机，就不必剪牙口）。

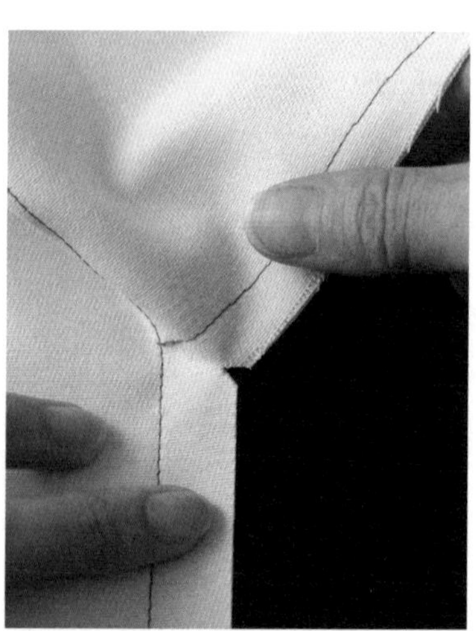

从牙口稍微拉开。

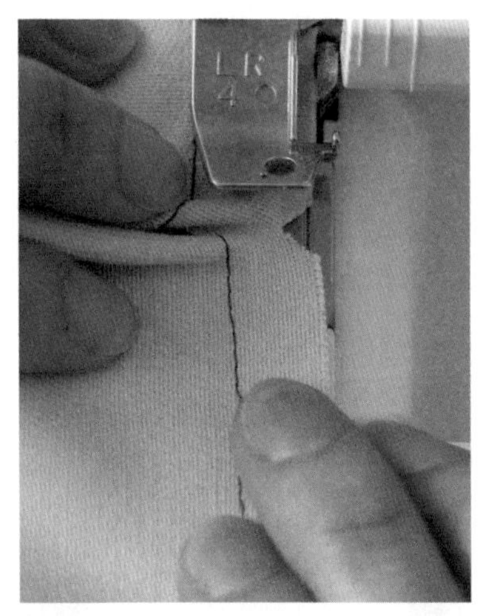

将牙口拉开呈直线，就可以顺畅地进行Z字形车缝。

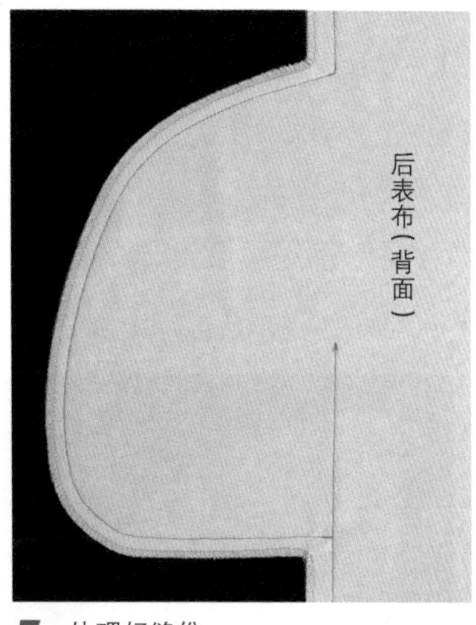

5 处理好缝份。

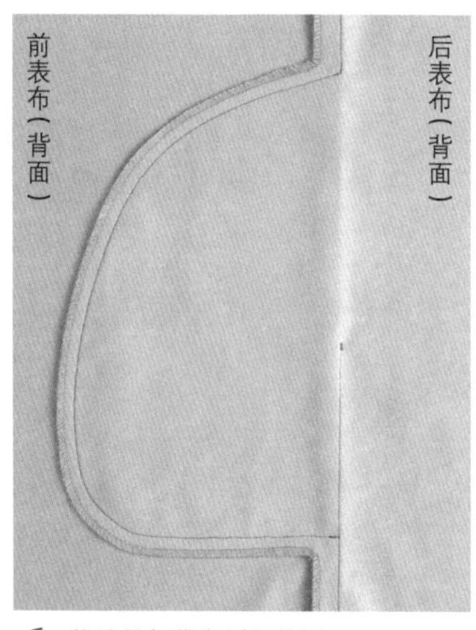

6 将缝份与袋布倒向前侧。

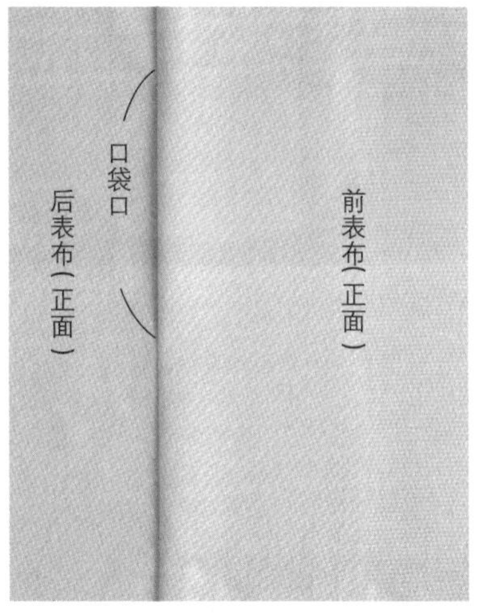

正面图。

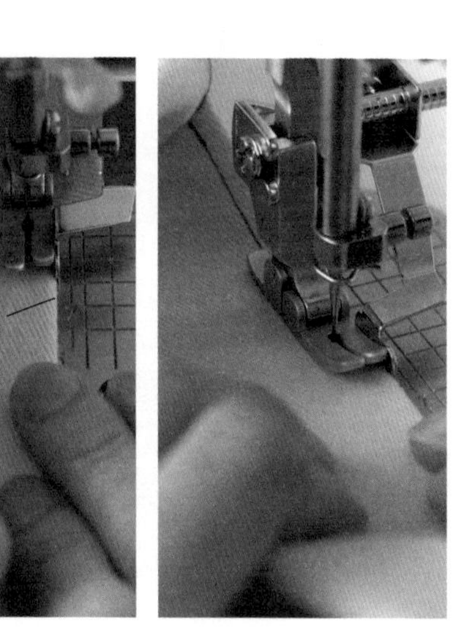

7 从前侧的口袋口内侧进行车缝。

8 口袋口完成车缝的样子。

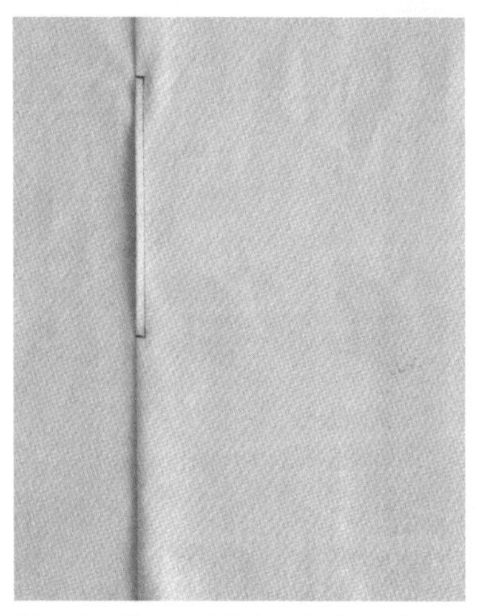

9 在口袋口两端的车缝宽度内，进行3～4次的回针缝加固。完成图（正面）。

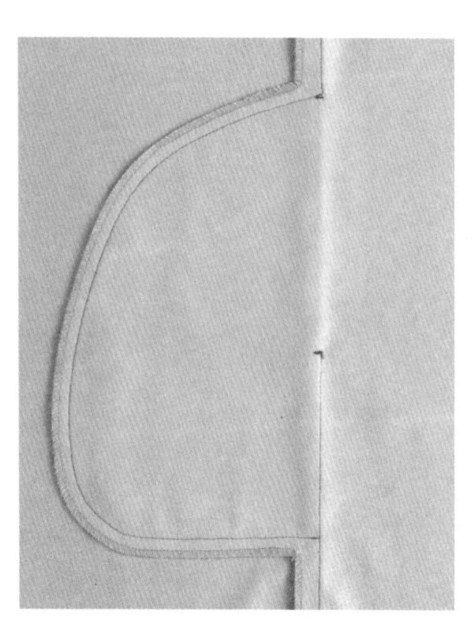

完成图（背面）。

接缝袋布

将袋布与表布分别裁剪。从口袋口看得见的一侧(外侧袋布)是使用兼具贴边作用的表布,而隐藏起来看不见的一侧(内侧袋布)则可用轧光斜纹棉布或里布。

◎缝份单侧倒的做法

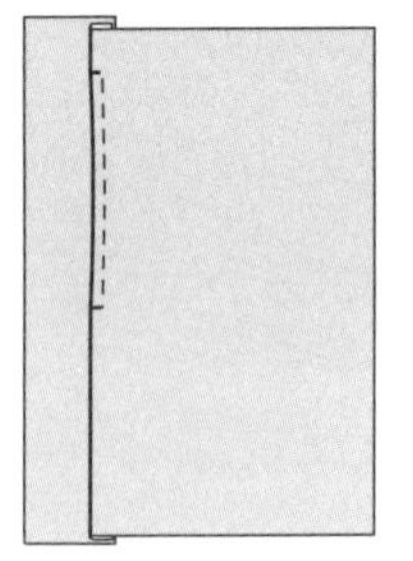

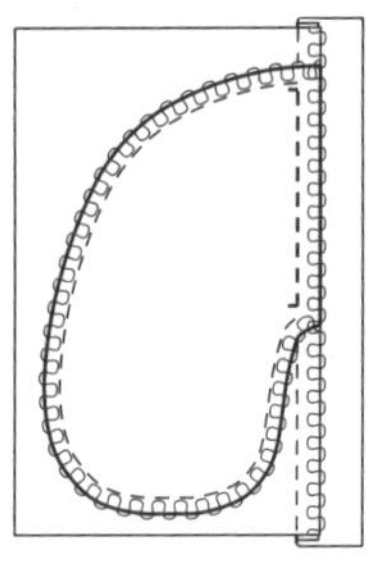

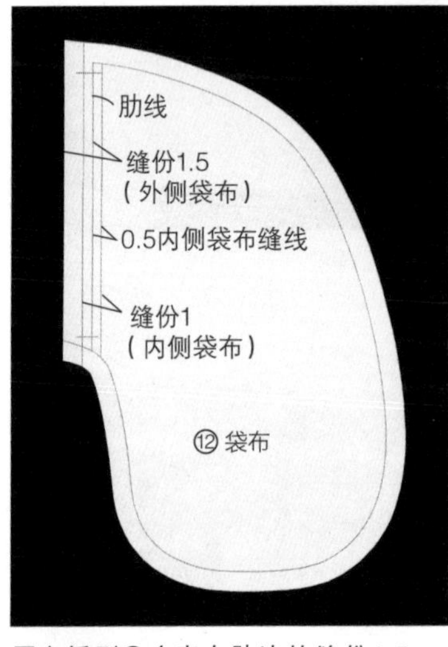

原大纸型⑫(表布肋边的缝份1.5cm)
除了特别注明之外,缝份一律为1cm。

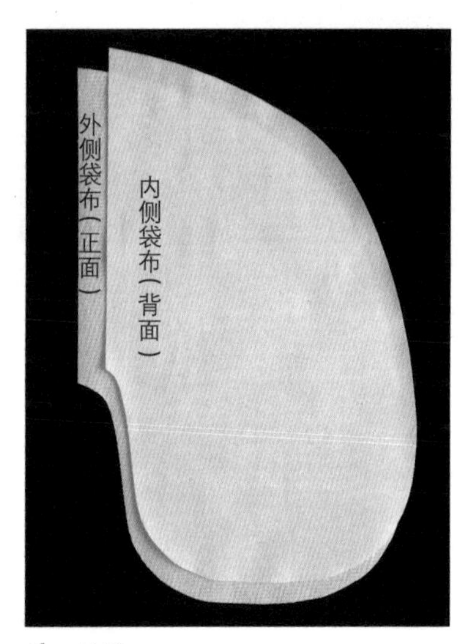

1 裁剪。

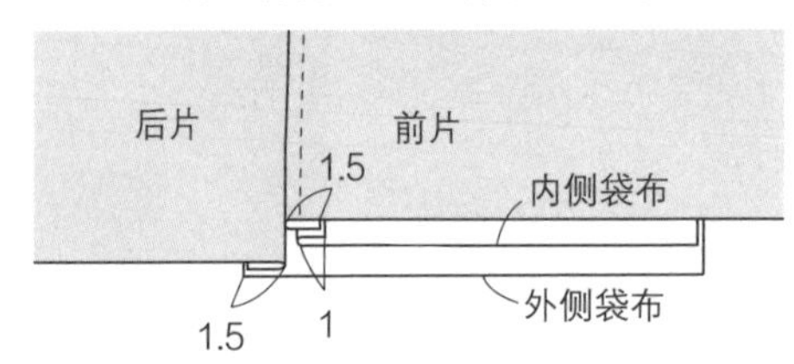

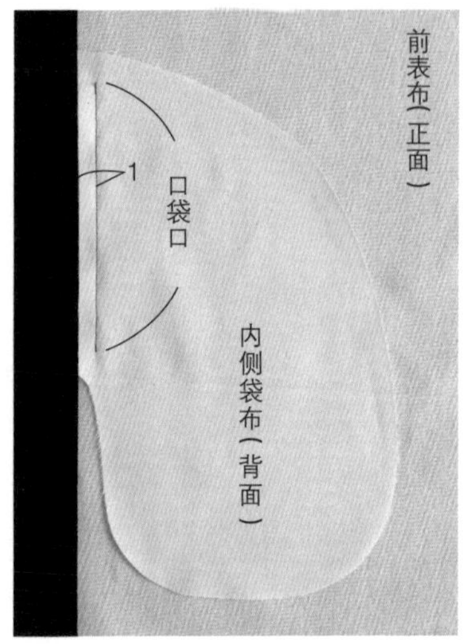

2 前表布的口袋口反面贴止伸衬布条,与内侧袋布正面相对叠合,对齐布边后车缝1cm处。

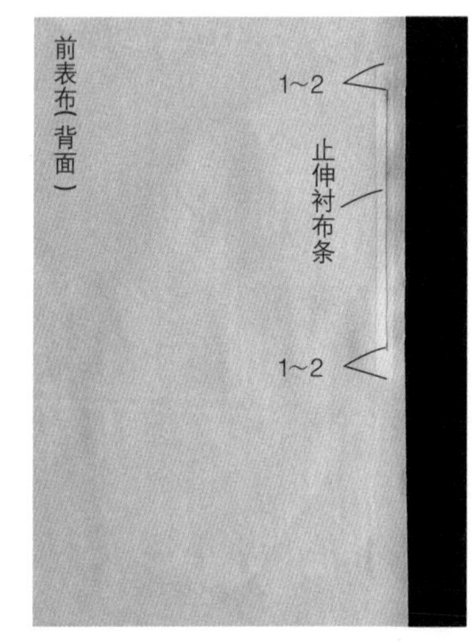

背面图。

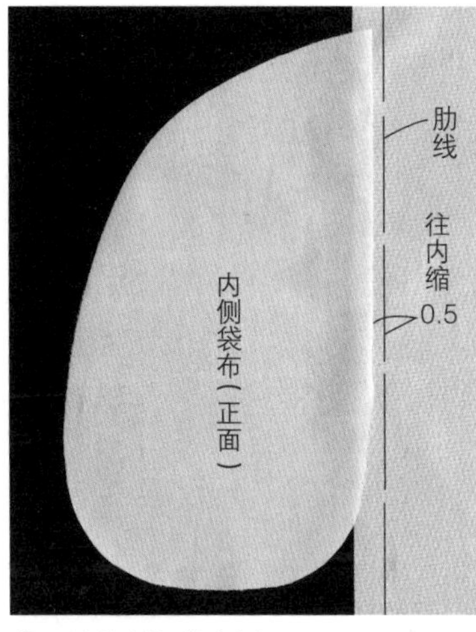

3 缝份倒向袋布侧。

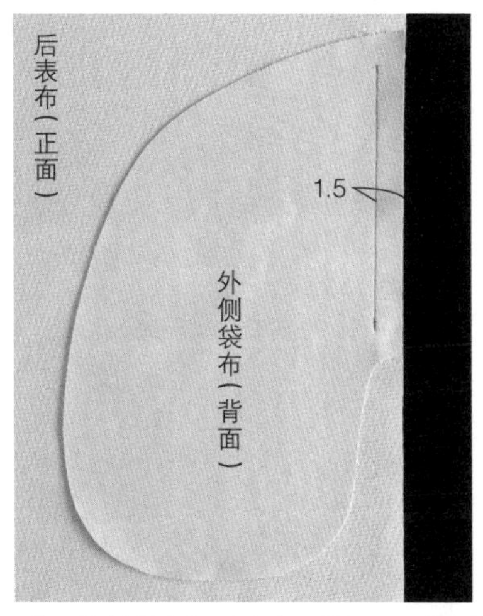

4 外侧袋布与后表布口袋口正面相对叠合后，进行车缝。

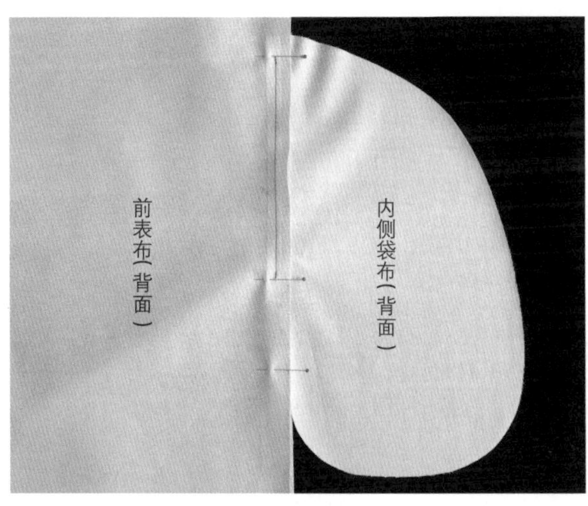

5 前后表布的口袋位置正面相对叠合，用珠针固定。

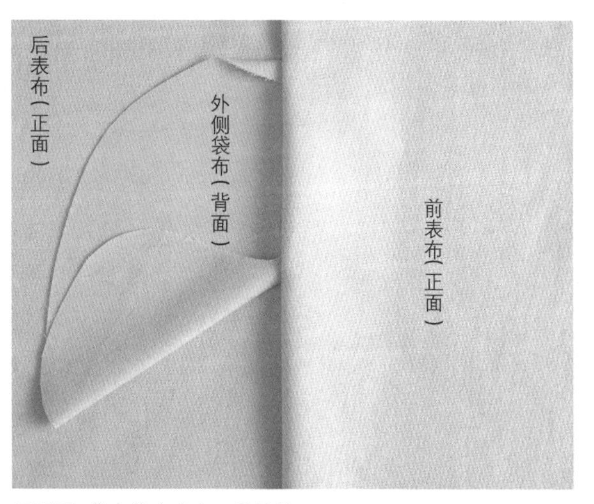

正面图。袋布像未夹入一样挂着。

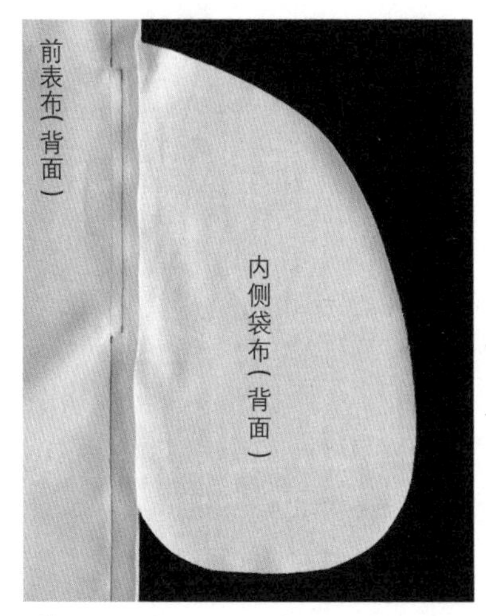

6 缝合前后表布的肋边(口袋口不缝合)。

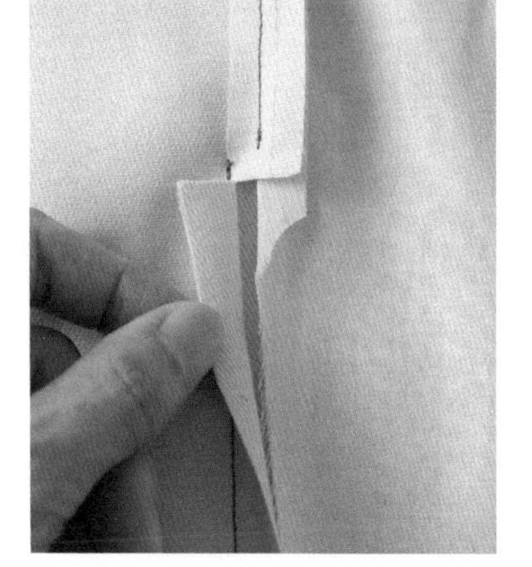

7 只在前表布缝份的口袋口止缝处下约0.5cm处剪牙口。注意不要剪到袋布。

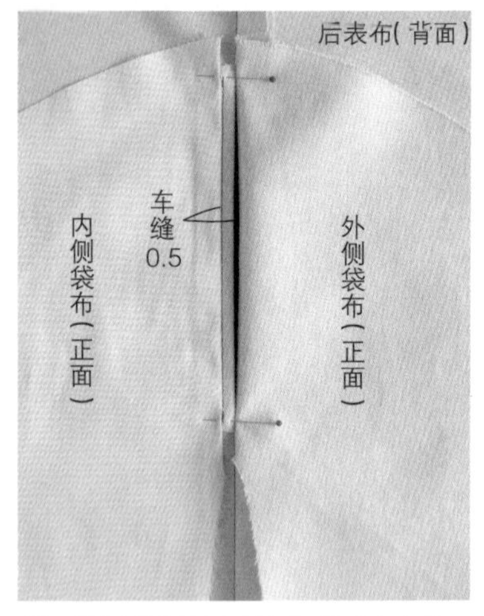

8 外侧袋布从里面拉出，前表布口袋口的缝份沿完成线折叠，进行车缝。

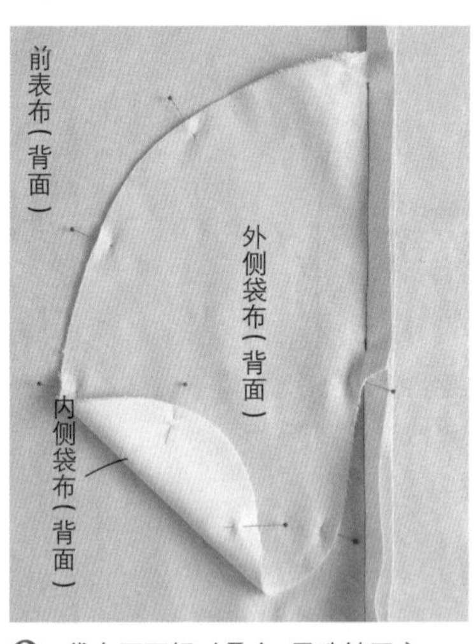

9 袋布正面相对叠合，用珠针固定。

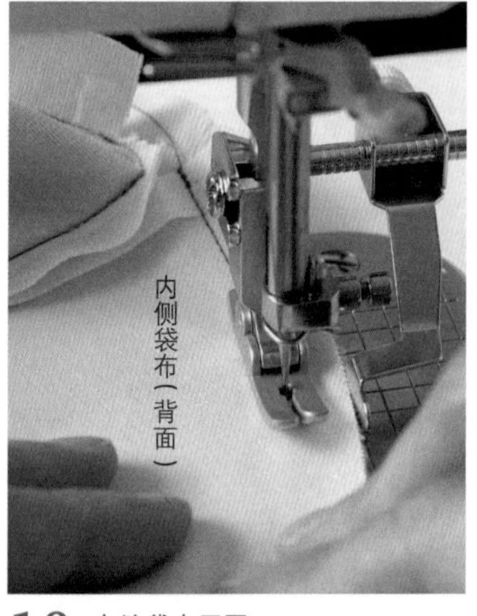

10 车缝袋布周围。

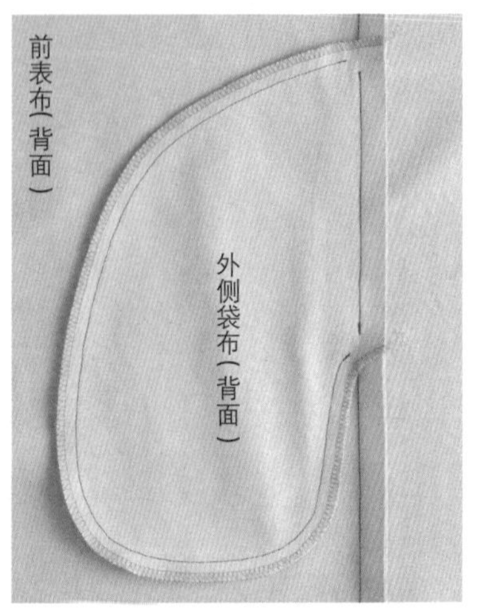

11 袋布的缝份进行锁边或Z字形车缝。

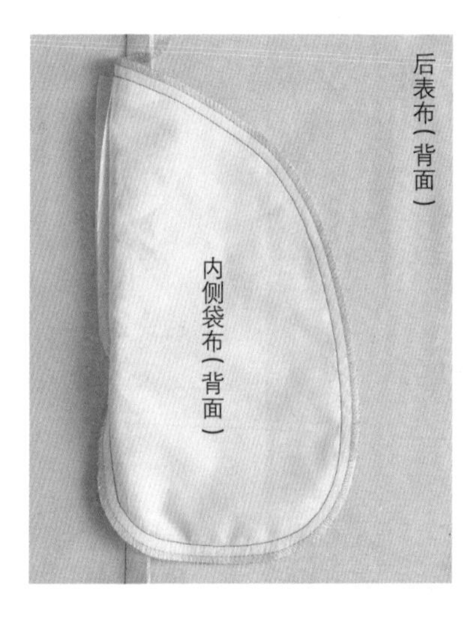

12 表布缝份与袋布口袋口缝份也进行锁边或Z字形车缝。从正面在口袋口两端车缝范围内进行3～4次回针缝加固。完成图(背面)。

完成图(正面)。

轧光斜纹棉布

有光泽的丝棉混纺布或平织布，通常用来制作口袋布等。比铜氨丝、聚酯纤维材质的里布要更坚固耐用，线头容易处理。

●人字纹棉布

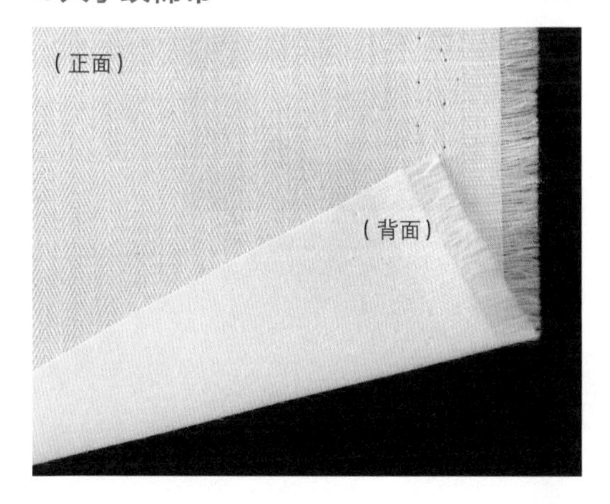

●法式丝棉混纺布

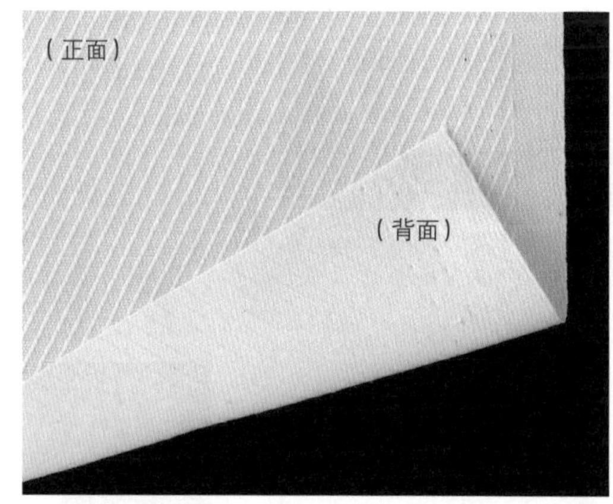

●条纹棉布

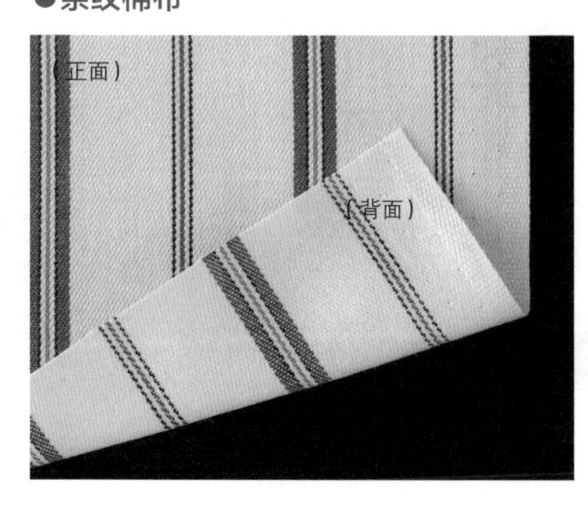

●刷毛棉布

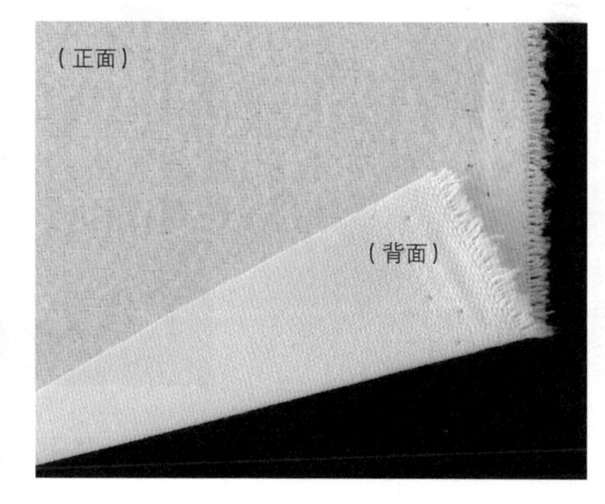

◎烫开缝份的做法

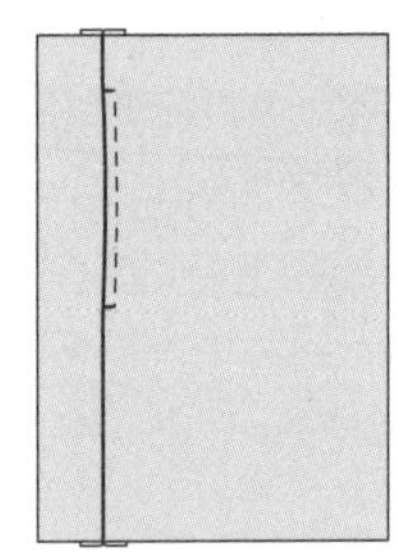

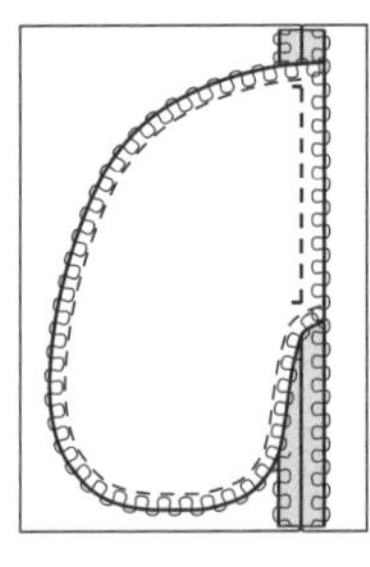

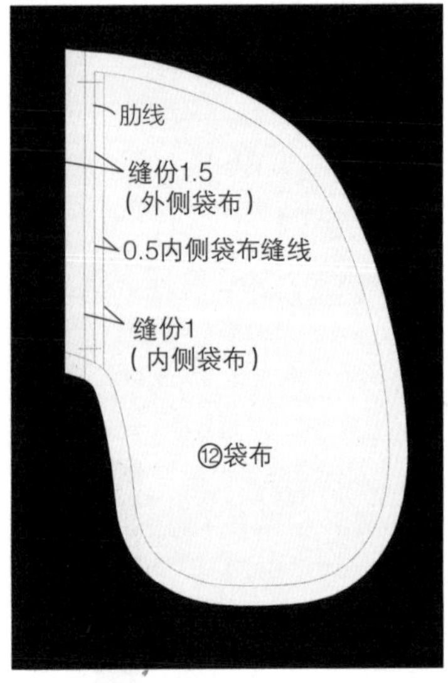

原大纸型⑫(表布肋边的缝份为1.5cm)
除了特别注明之外，缝份一律为1cm。

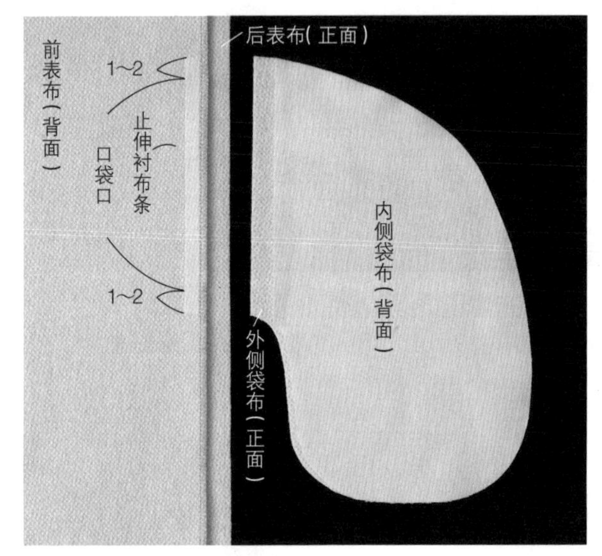

1 裁剪。前表布的缝份进行锁边或Z字形车缝。在口袋口背面贴止伸衬布条。

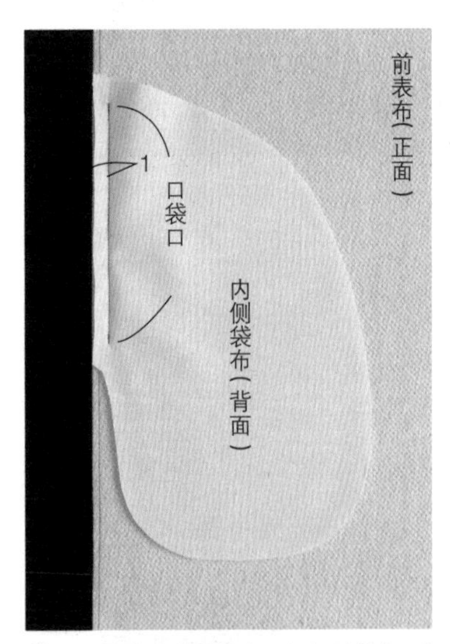

2 前表布与内侧袋布正面相对叠合，对齐布边后车缝1cm处。

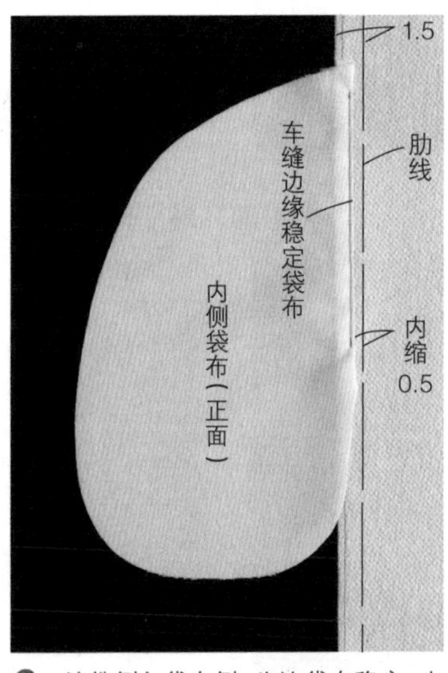

3 缝份倒向袋布侧。为让袋布稳定，也可先车缝袋口处。

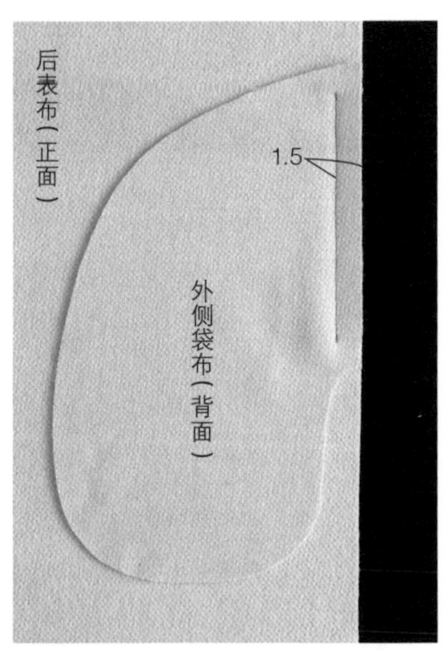

4 外侧袋布与后表布口袋口正面相对叠合后，进行车缝。

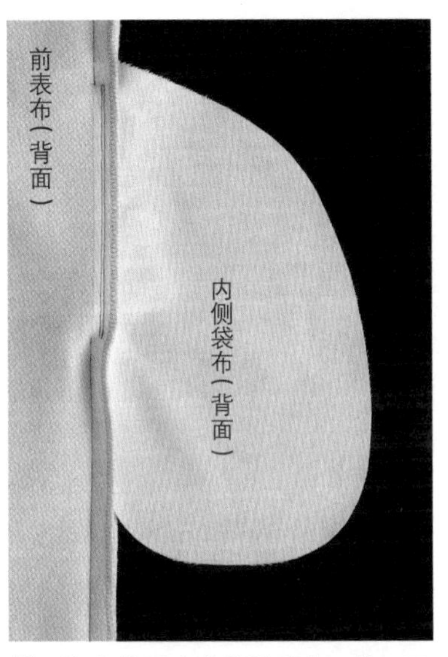

5 缝合前后表布的肋边（口袋口不缝合）。注意不要缝到袋布。

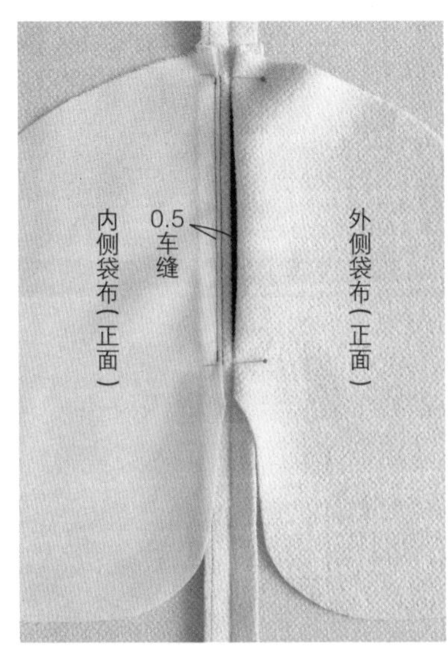

6 前表布口袋口的缝份沿完成线折叠，进行车缝。

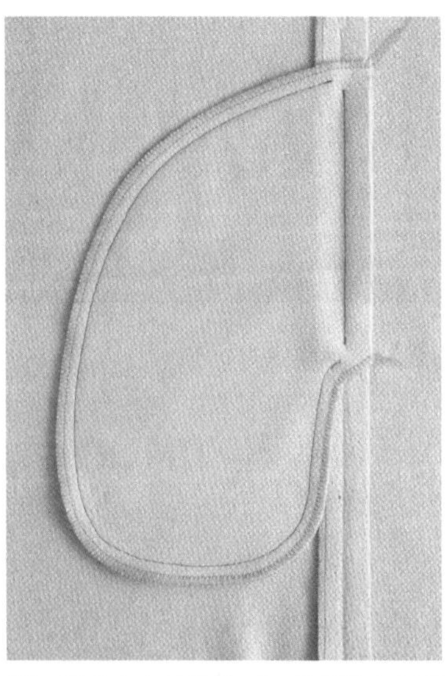

7 烫开表布的缝份，内、外侧袋布正面相对叠合，周围的缝份进行锁边或Z字形车缝。

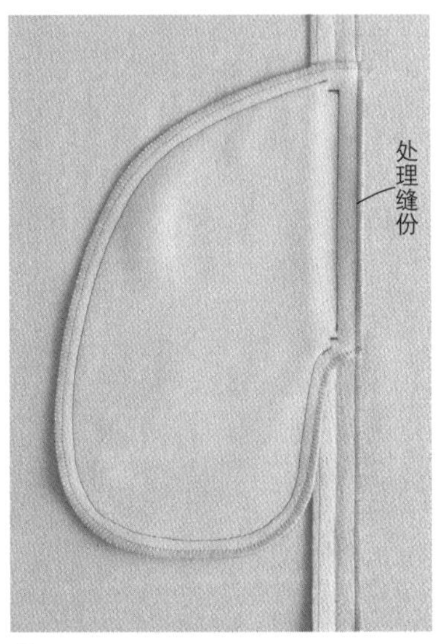

8 后表布与袋布口袋口的缝份也进行锁边或Z字形车缝。从正面在口袋口两端车缝线范围内进行3～4次回针缝加固。完成图（背面）。

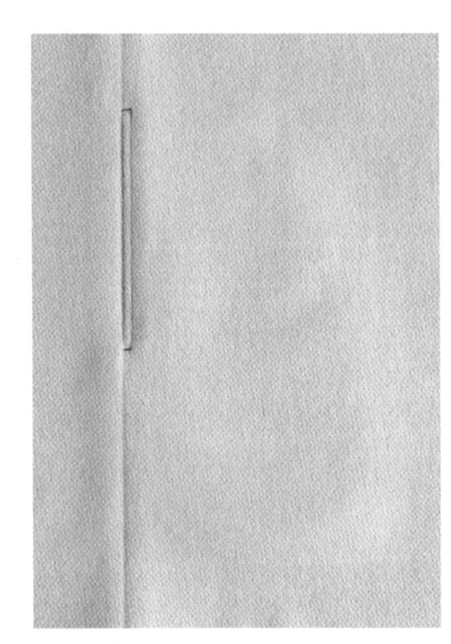

完成图（正面）。

基本切开式口袋

剪牙口所制作的口袋。由于从口袋口可看见袋布，所以那一侧的袋布要使用和表布相同的布，也可使用别的布作为设计上的变化。

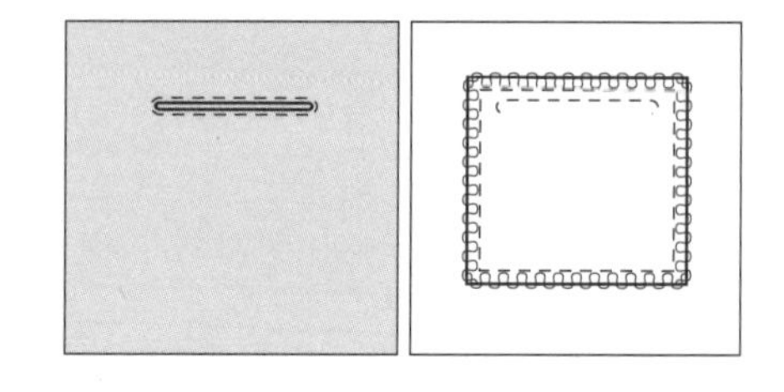

原大纸型 ⑬
缝份为1cm。

1 裁剪。

2 表布口袋口的背面贴上加固用的力布。

3 袋布与表布口袋口正面相对叠合。

4 用疏缝固定，以免错位。

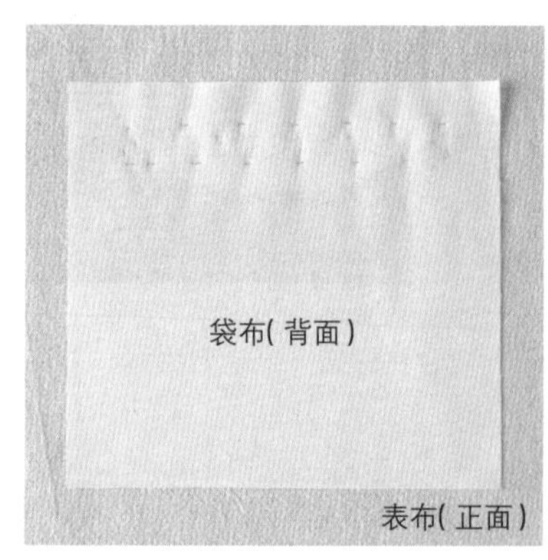

正面图。

5 用细密的针脚缝合口袋口。

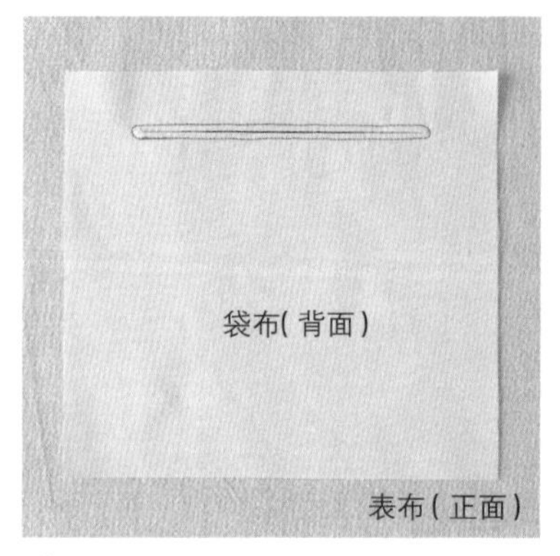

6 剪牙口。尽量剪到贴边两端的位置，但小心不要剪到缝线。

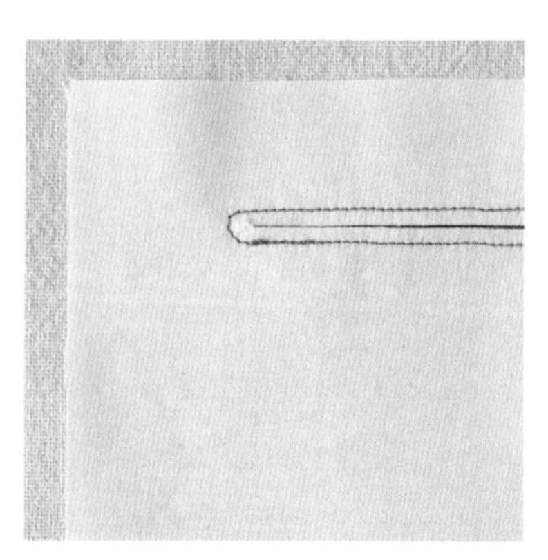

放大图。

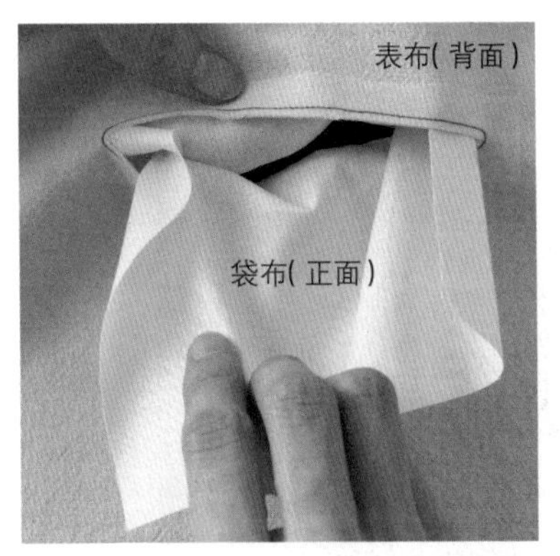

7 将袋布拉到里面。

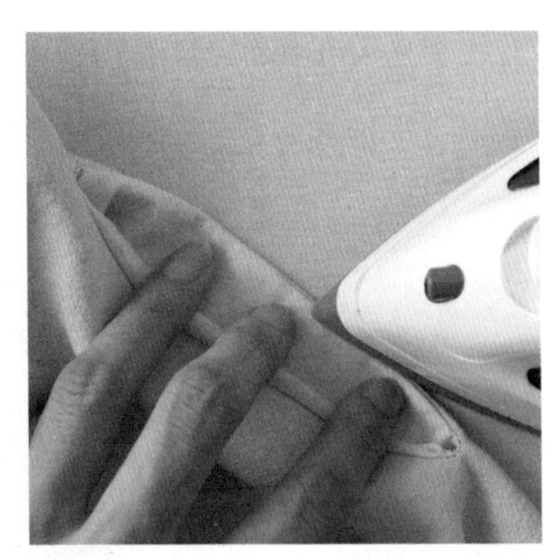

8 用熨斗整烫口袋口。

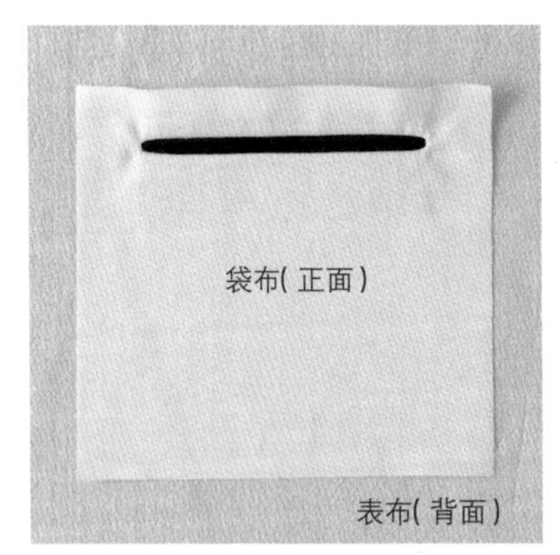

9 让袋布变平整。

10 车缝口袋口下侧半圈。

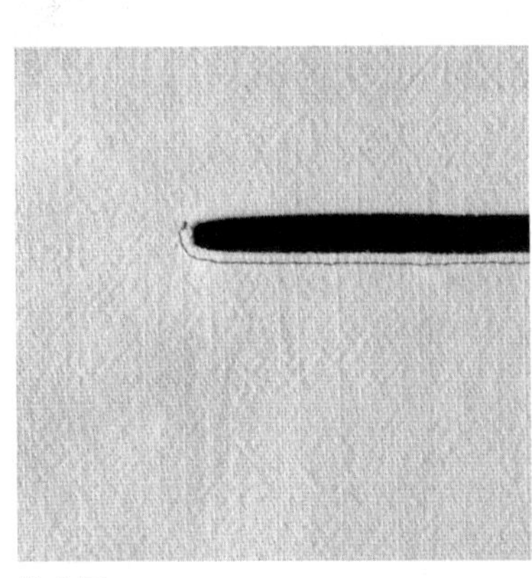

放大图。

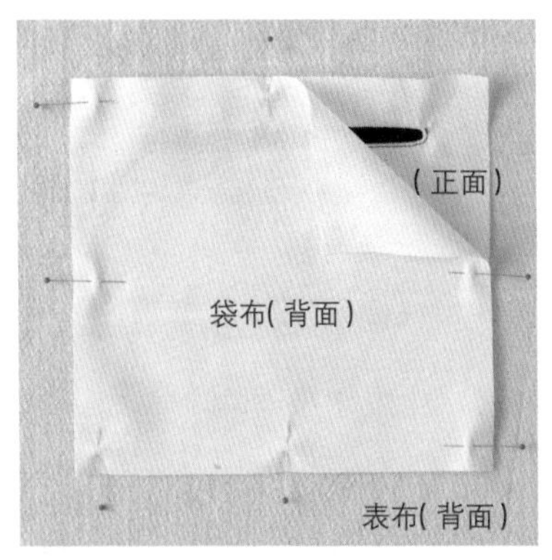

11 另一片袋布正面相对叠合后，用珠针固定。

12 缝合袋布的周围，缝份进行锁边或Z字形车缝。

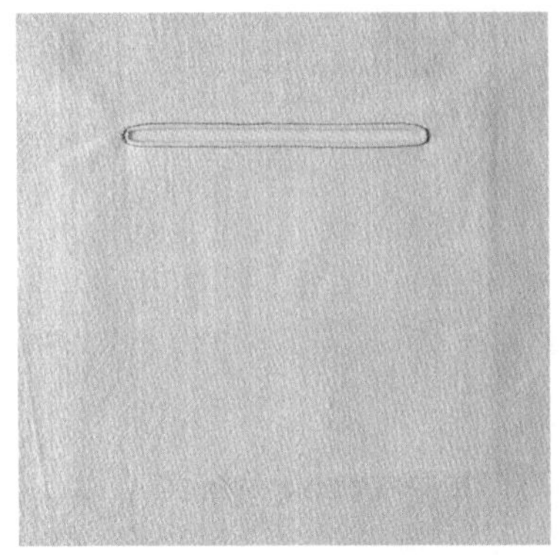

13 车缝口袋口上侧，连同袋布一起缝合。两端进行3~4次的回针缝加固。完成图(正面)。

完成图(背面)。

由于是剪牙口制作而成的口袋，所以可以将想要的口袋线条加在喜欢的位置上。
从正面可看见袋布颜色变化，改变袋布的形状也是一种设计的乐趣。

●用条纹布制作斜的切开式口袋

袋布是同材质的深色素色布，并用条纹布滚边来处理袋布缝份。

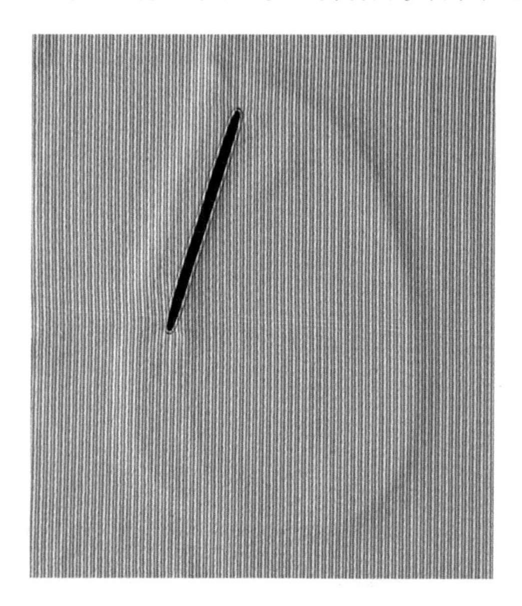

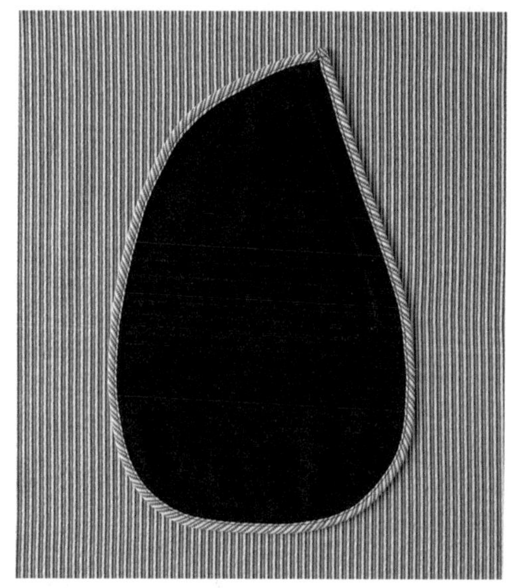

●配合圆点布设计出圆切开式口袋

为保持袋口的稳定，加装暗扣和装饰用纽扣。袋布的形状也做成圆形。

※以上介绍的切开式口袋仅供参考，无原大纸型。

附拉链切开式口袋

这是在切开线上加装有拉链的口袋。
此处说明的是将一片袋布车缝固定在表布上的做法。
不想在正面看到车缝线时，
就要和P.38基本切开式口袋一样，用两片袋布来制作。

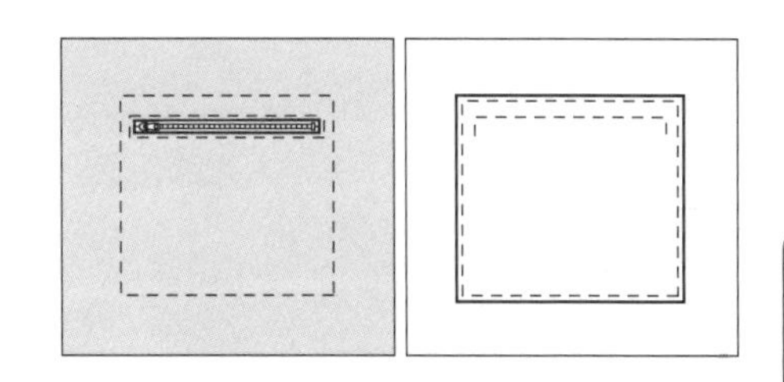

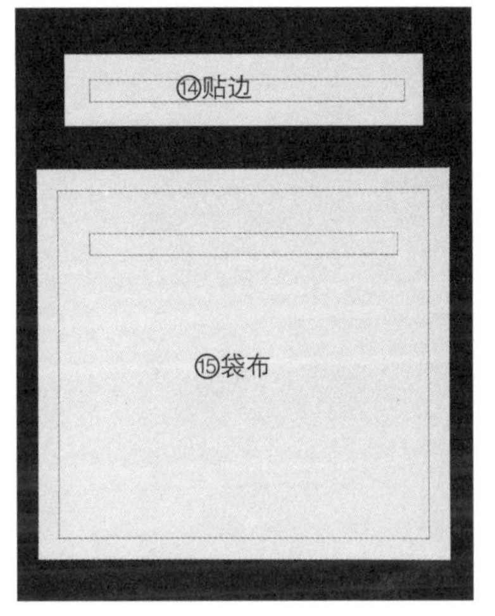

原大纸型⑭+⑮
缝份为1cm。

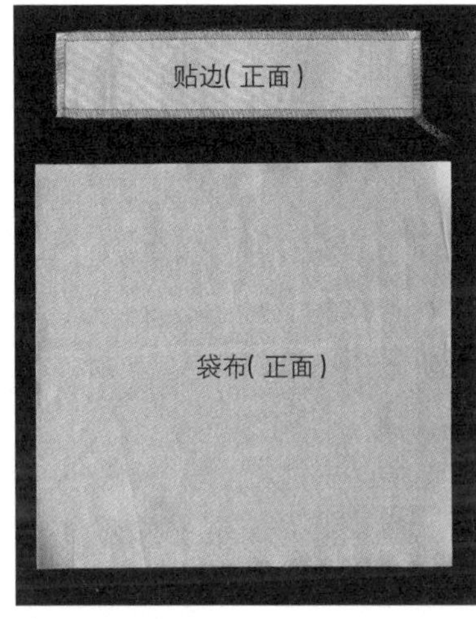

1 裁剪。贴边的周围进行锁边或Z字形车缝。

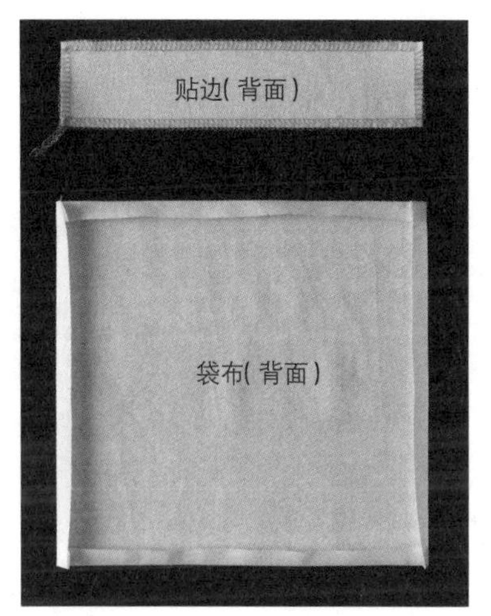

2 袋布的周围沿完成线折叠。

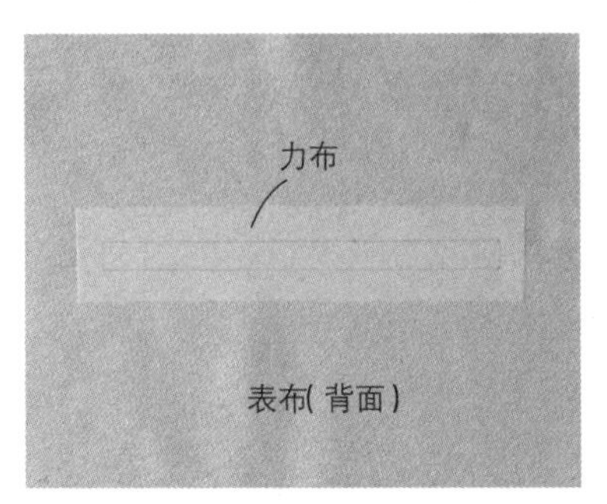

3 在表布的口袋口背面贴上加固用的力布。

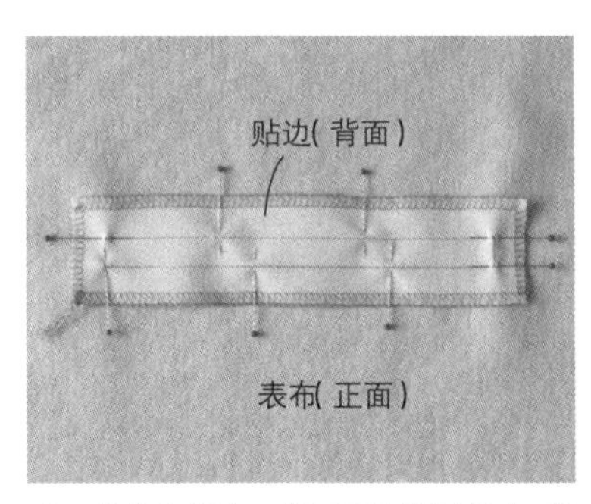

4 贴边与表布口袋口正面相对叠合，用珠针固定。

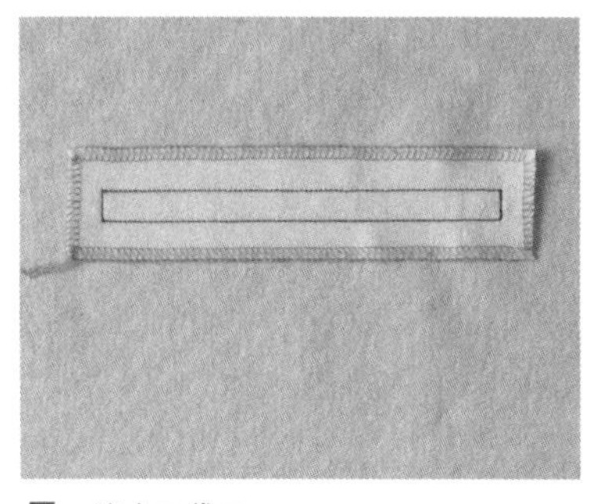

5 缝合口袋口。

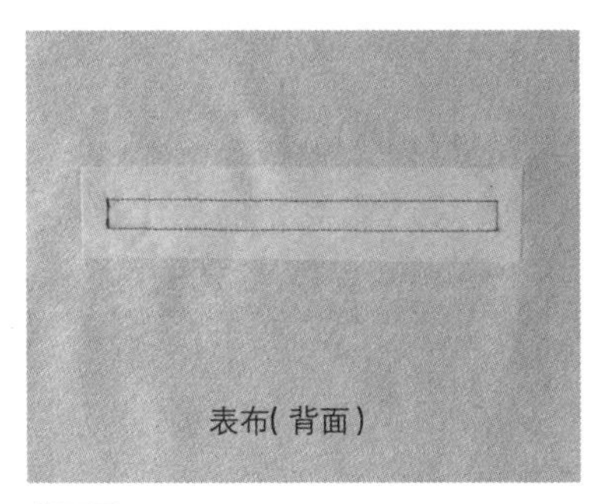

背面图。

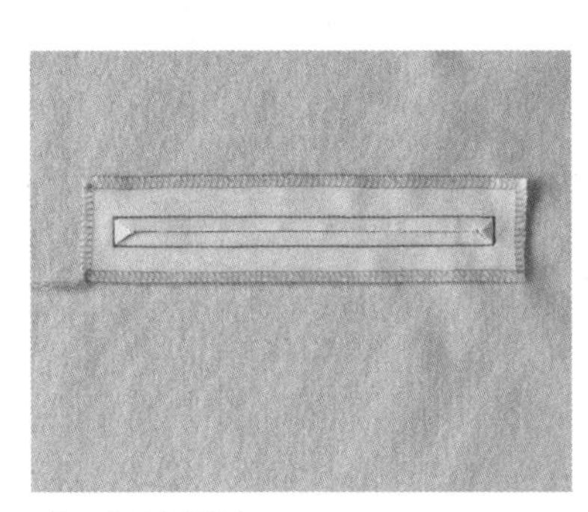

6 剪Y字形牙口。

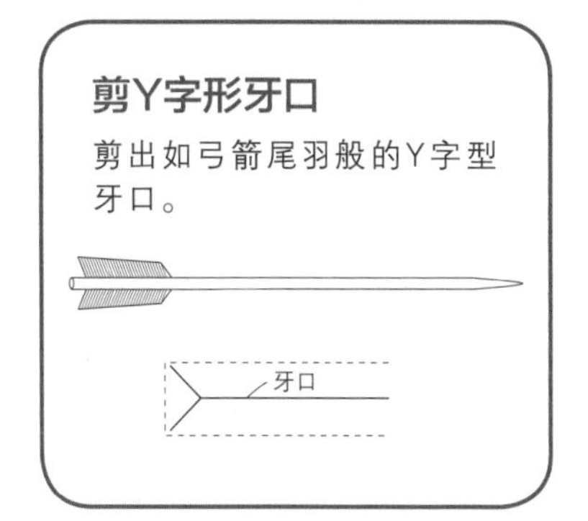

剪Y字形牙口

剪出如弓箭尾羽般的Y字型牙口。

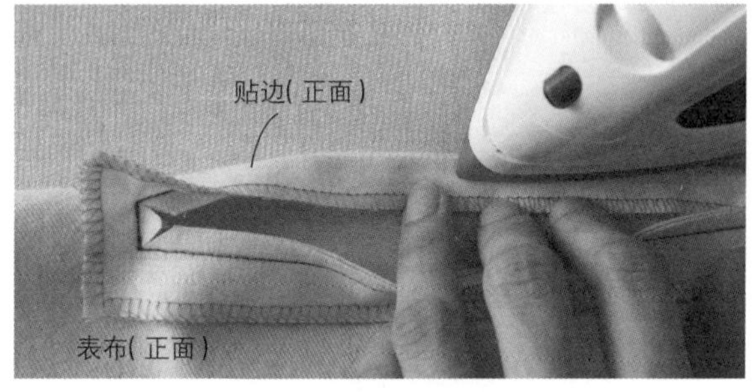

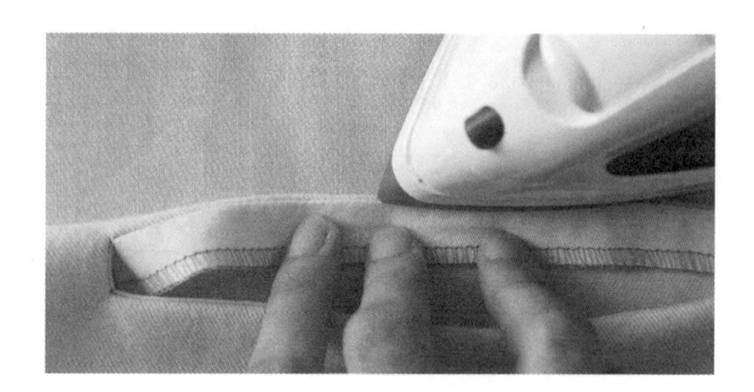

7 从开口处将贴边往里面翻，用熨斗整烫口袋口。

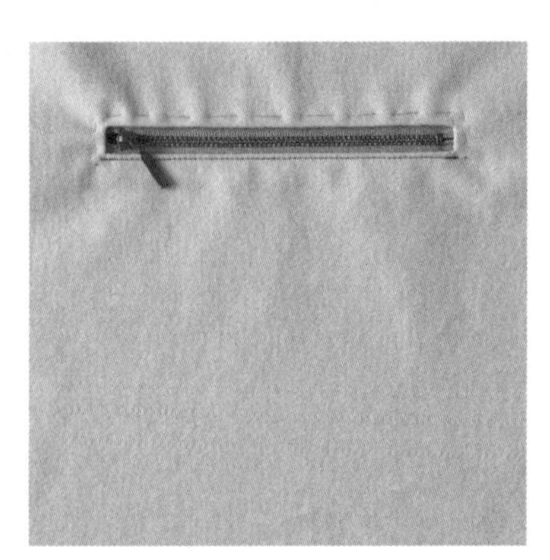

背面图。

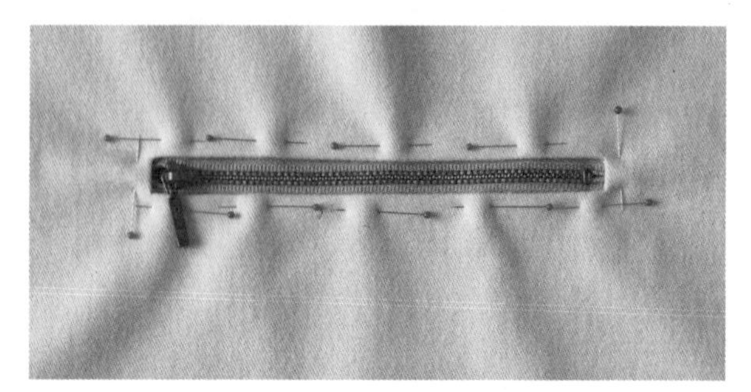

8 接链贴放在口袋口上，用珠针固定。

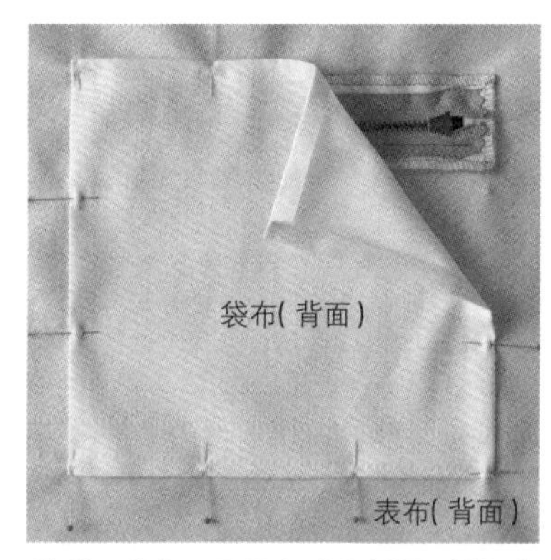

9 车缝固定下侧，上侧则用疏缝暂时固定。

10 袋布周围沿完成线折叠。折好的袋布叠合在表布背面上，用珠针固定。

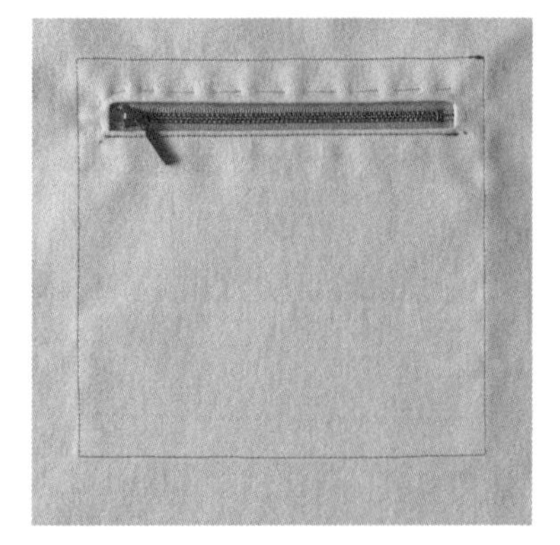

11 车缝袋布周围。

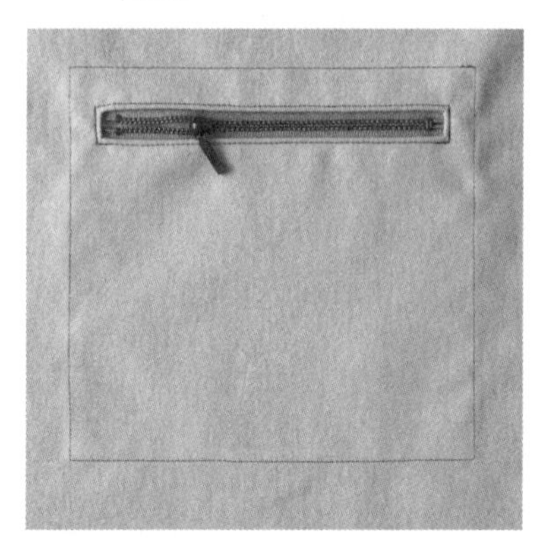

正面图。

12 从正面车缝口袋口上侧与两端，连同袋布一起缝合。两端进行3～4次的回针缝加固。完成图(正面)。

完成图(背面)。

双滚边口袋

剪牙口袋，开口两侧都滚边的口袋。
滚边也指包边。

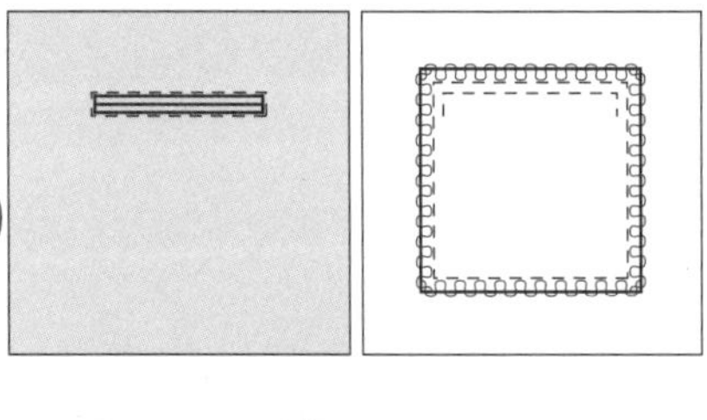

连裁袋口布（缝份倒向单侧、滚边有车缝线）

袋布与袋口布进行连裁，并制作双滚边。

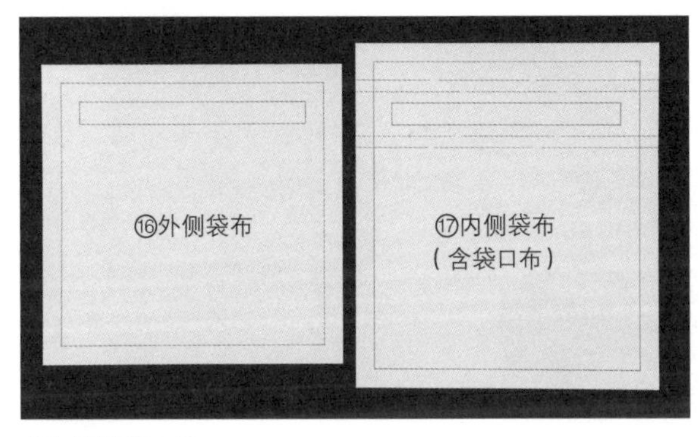

原大纸型 ⑯ + ⑰
缝份为1cm。

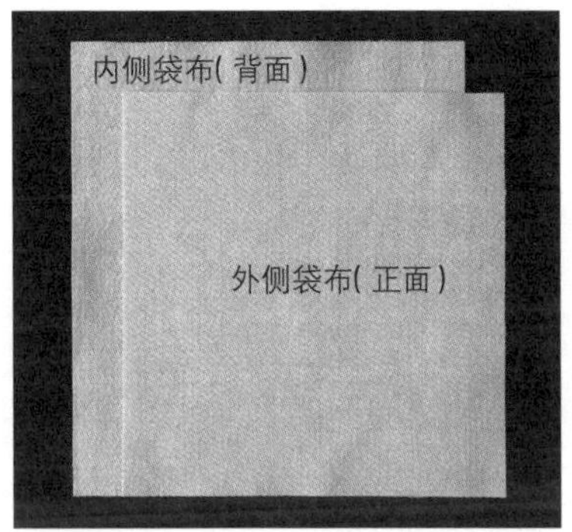

1 裁剪。由于内侧袋布连着袋口布，所以两片袋布都要使用表布。

2 在表布口袋口背面贴加固用的力布。

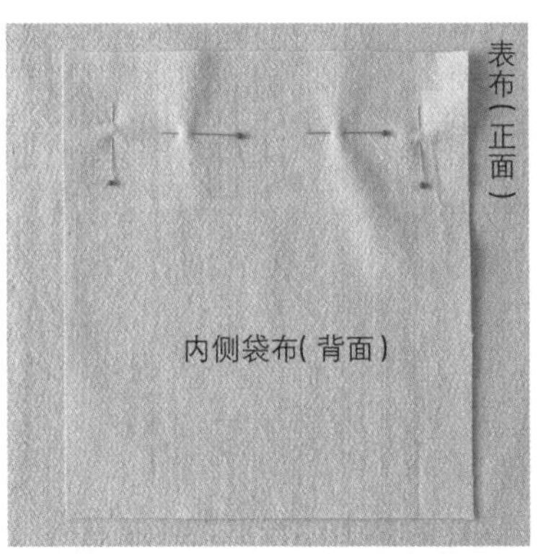

3 内侧袋布与表布口袋口正面相对叠合，用珠针固定。

背面图。

4 口袋口周边用疏缝固定。

5 用细密的针脚缝合口袋口。

正面图。

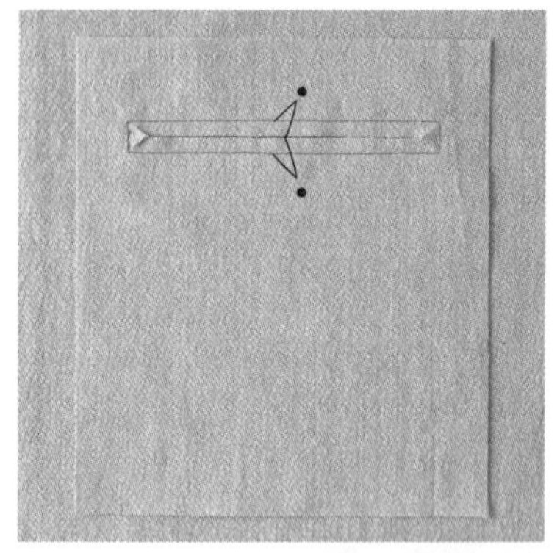

6 剪Y字形牙口。牙口要剪在正中央，牙口至车缝线的距离两边要相等。

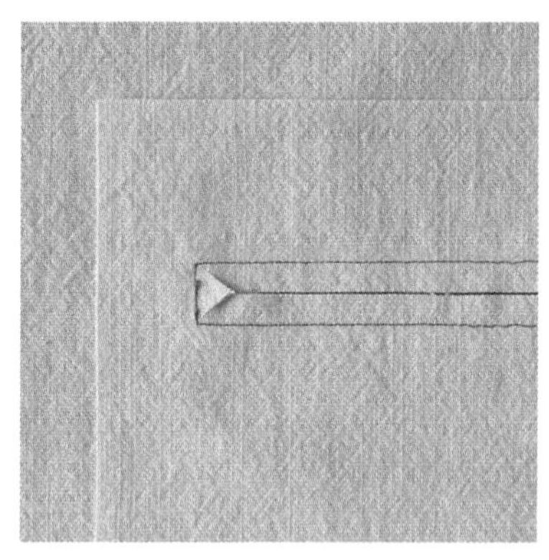

放大图。

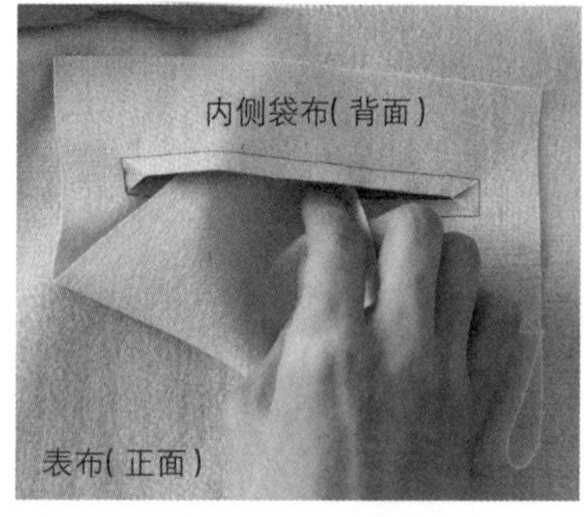

7 从牙口将袋布往里面拉出。

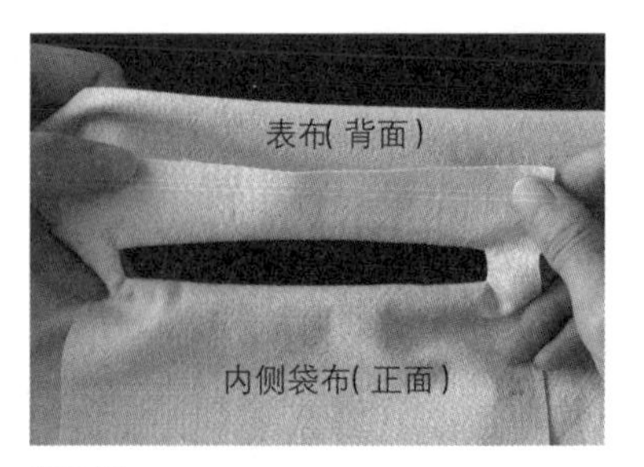

背面图。

8 用熨斗整烫口袋口。

从背面看的样子。

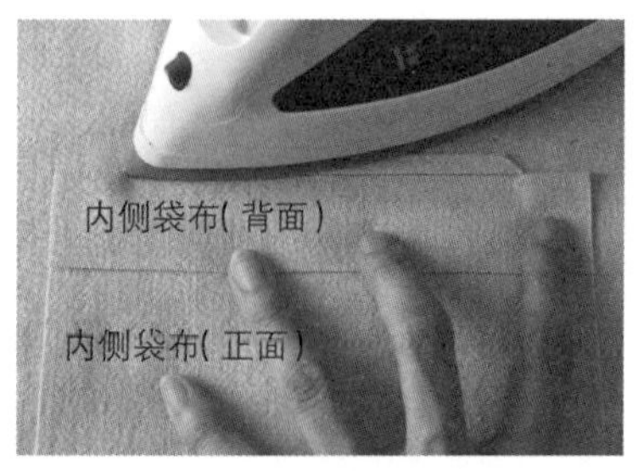

9 口袋上侧的缝份倒向表布侧。

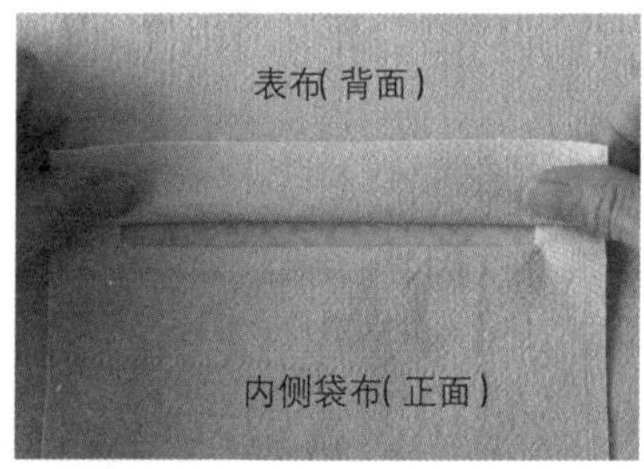

10 反摺袋布后调整滚边。

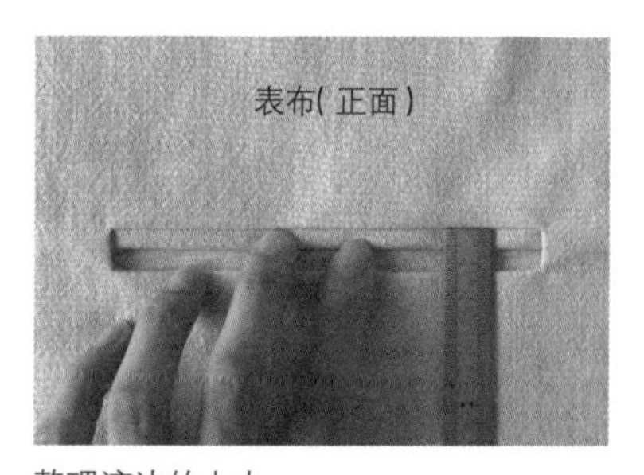

整理滚边的大小。

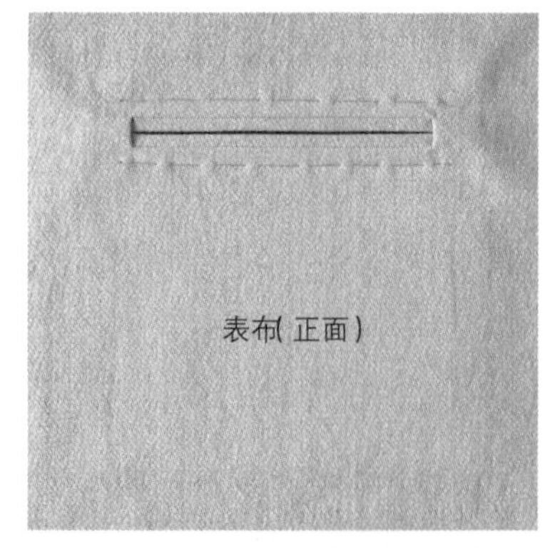

11 下侧也同样地整理滚边的大小，然后用疏缝固定上下侧。

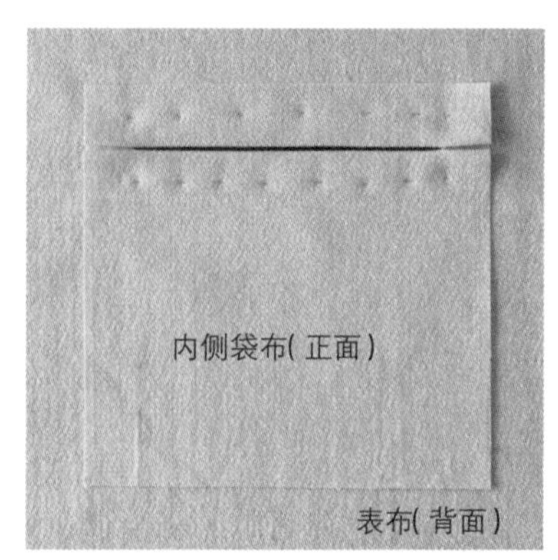

背面图。

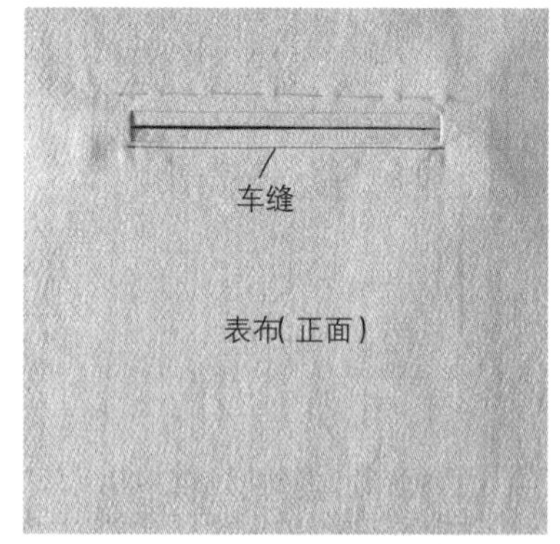

12 车缝下侧的口袋口。

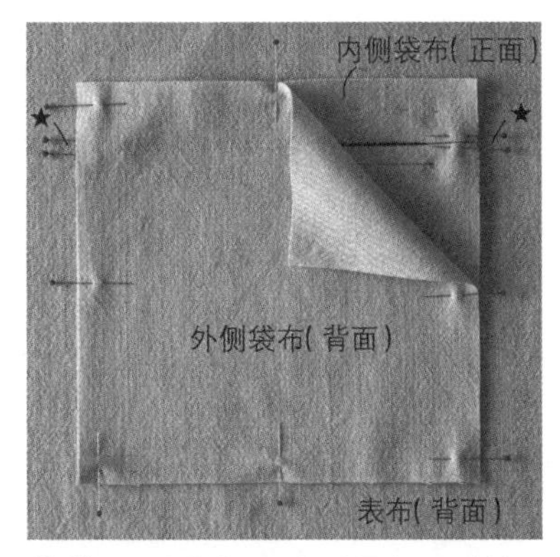

13 两片袋布正面相对叠合，用珠针固定。★注意不要拉到已折成滚边的布端。

14 缝合袋布的周围，缝份进行锁边或Z字形车缝。

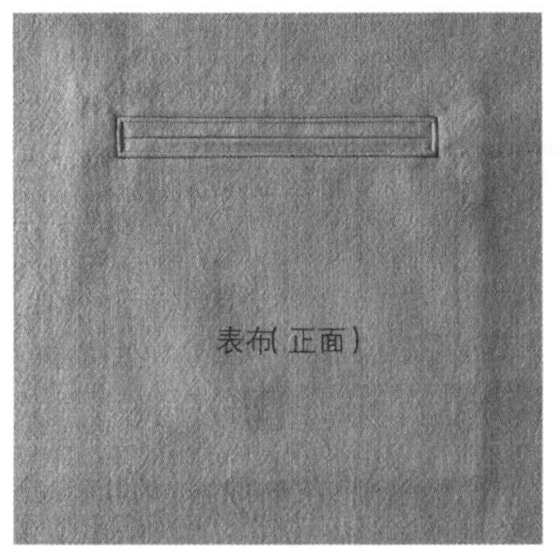

15 从正面车缝口袋口上侧与两端，连同袋布一起缝合。两端进行3～4次的回针缝加固。完成图(正面)。

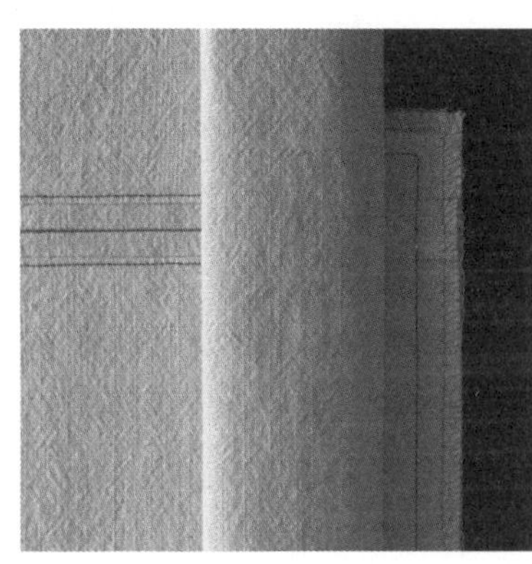

放大图。

完成图(背面)。

双滚边口袋

用斜布条作滚边口袋的袋口布

使用条纹布时，只要改变布料的纹路就有不同的设计感。

双滚边口袋

单滚边口袋

另行裁剪的袋口布（烫开缝份、无车缝线）

另行裁剪的袋口布，用轧光斜纹棉布或里布作为袋布。
由于从袋口可看见袋布，因此袋布的另一侧需接缝表布（衬布）。

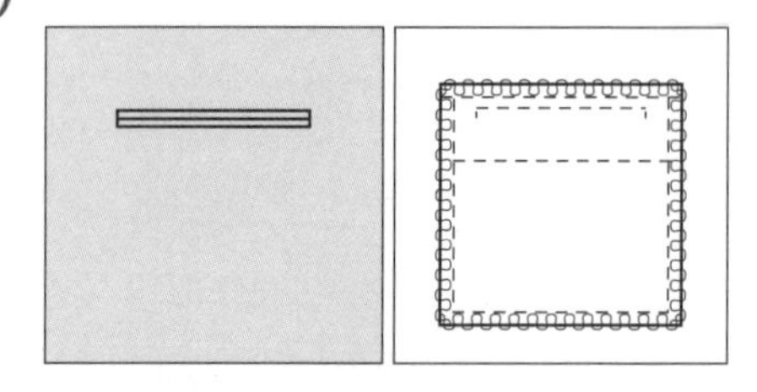

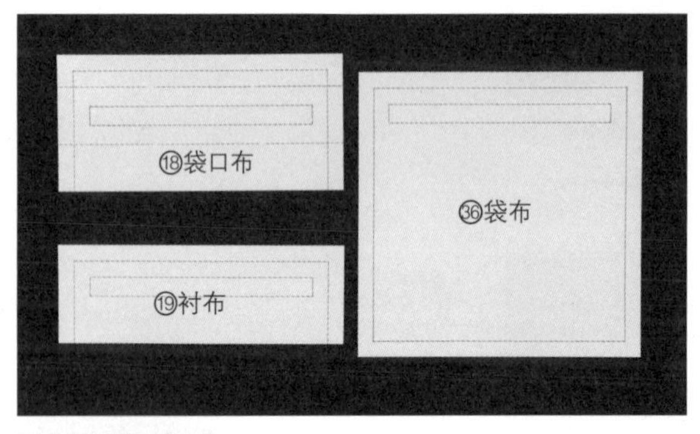

原大纸型⑱+⑲+㊱
缝份为1cm。

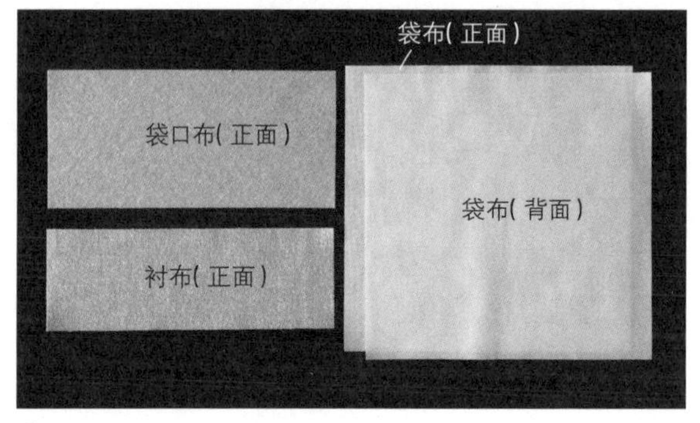

1 裁剪。袋口布与衬布都使用表布。

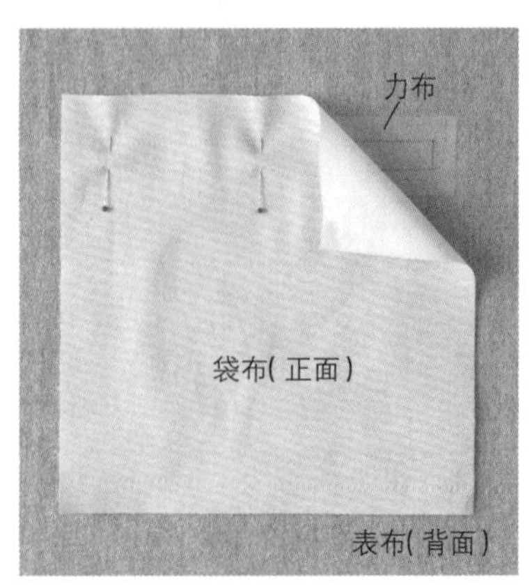

2 在表布的口袋口背面贴加固用的力布，对准口袋口放上袋布，用珠针固定。

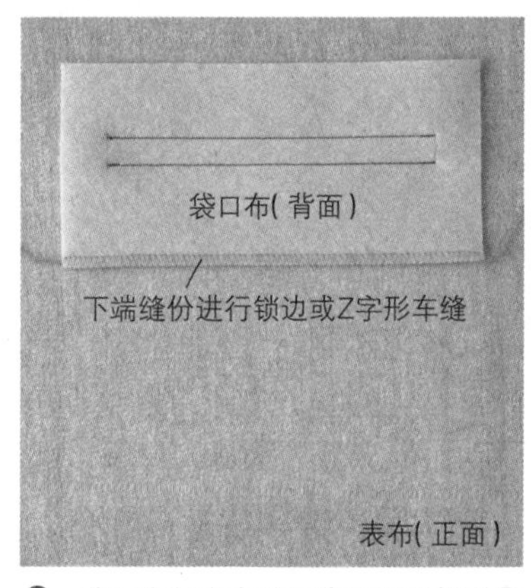

3 袋口布与表布的口袋口正面相对叠放，缝合口袋口的上下。

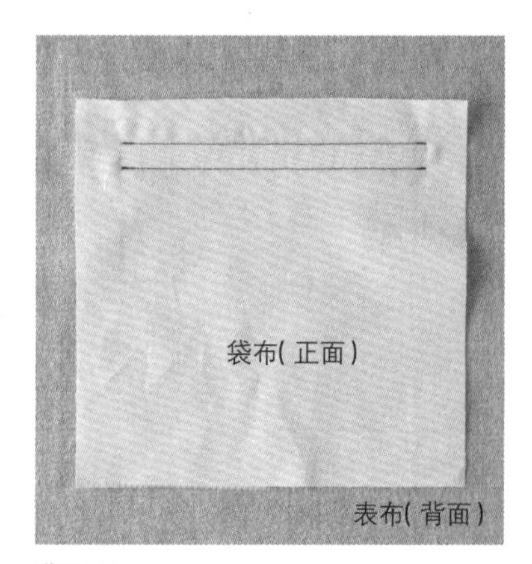

背面图。

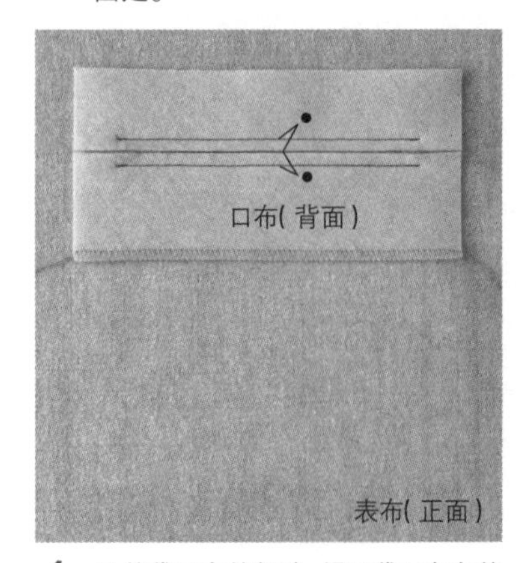

4 只剪袋口布的部分，沿口袋口中央剪开后变为两块布。

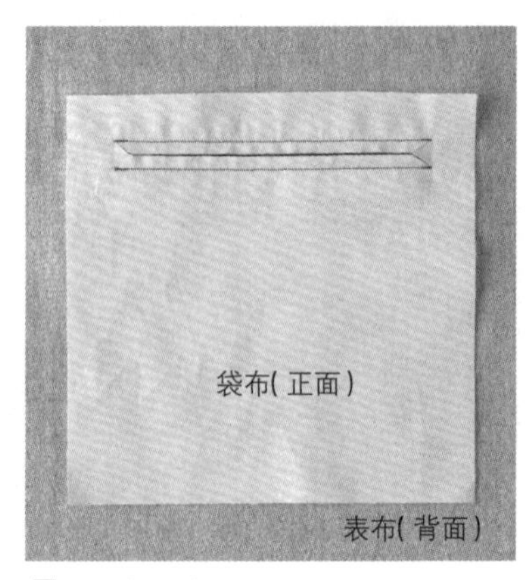

5 表布与袋布剪出Y字形牙口（参阅P.52的步骤7）。

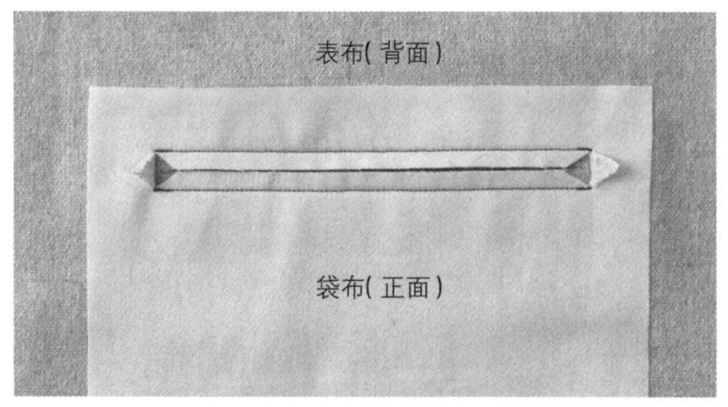

6 用熨斗好好整烫表布与袋布剪开的三角部分。

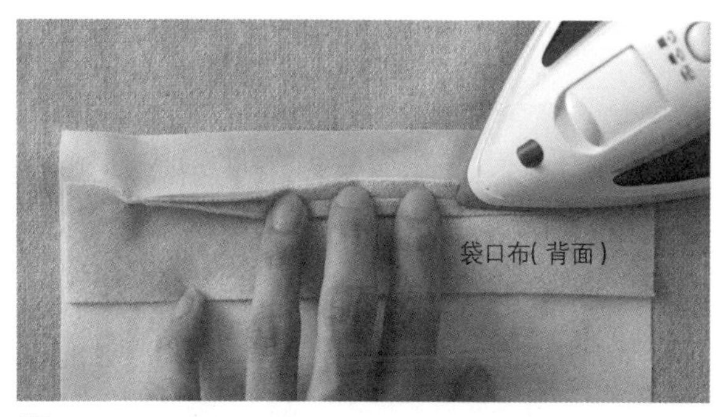

7 从牙口将上侧的袋口布往里面拉，烫开缝份。

烫开缝份。

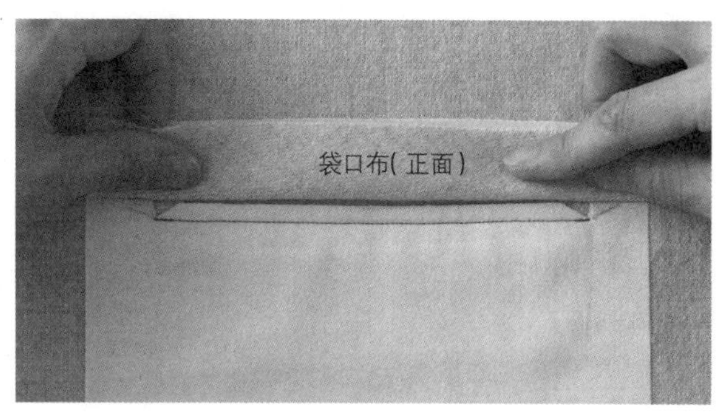

8 反折袋口布后调整滚边。

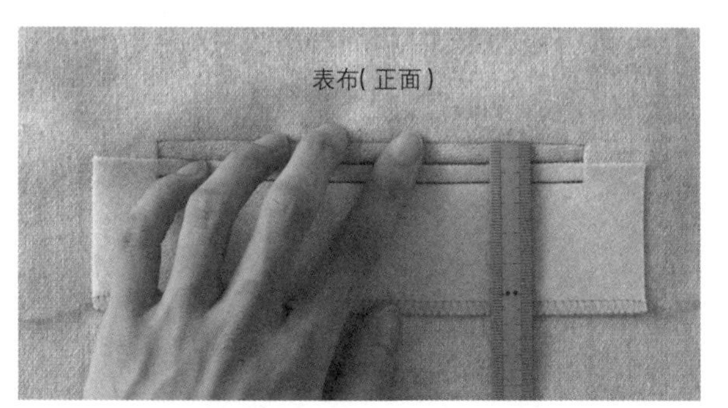

整理滚边的大小，先用疏缝固定。

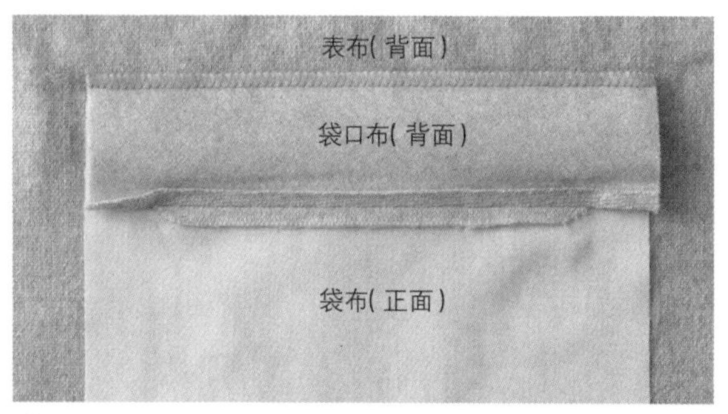

9 下侧的袋口布往里面拉，烫开缝份。

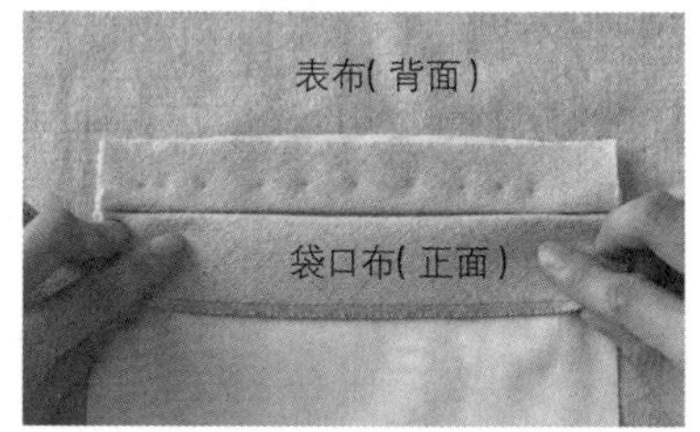

10 和上侧一样，反折袋口布后调整滚边。

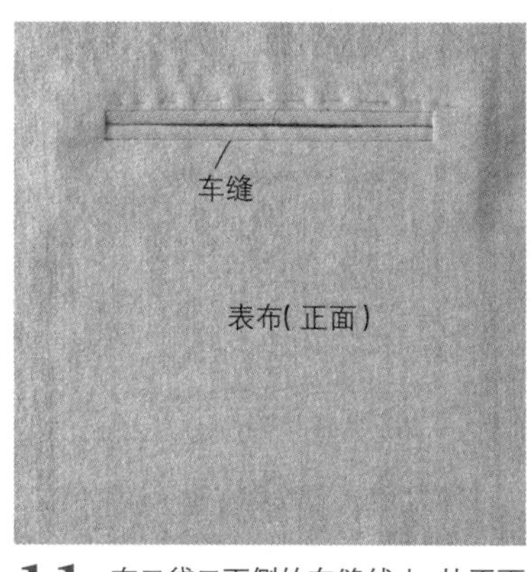

11 在口袋口下侧的车缝线上，从正面车缝。

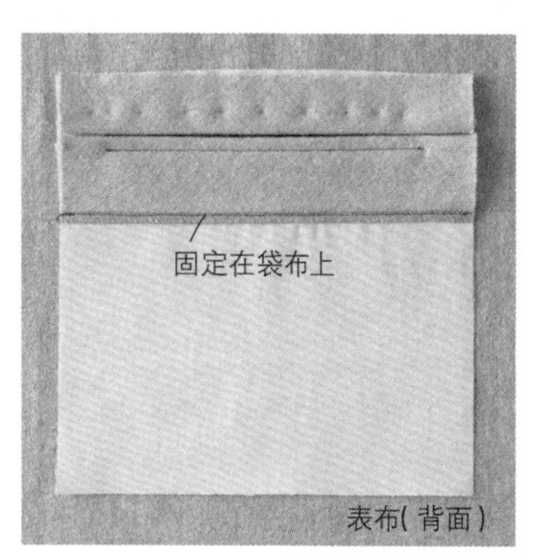

12 袋口布的下端车缝固定在袋布上。

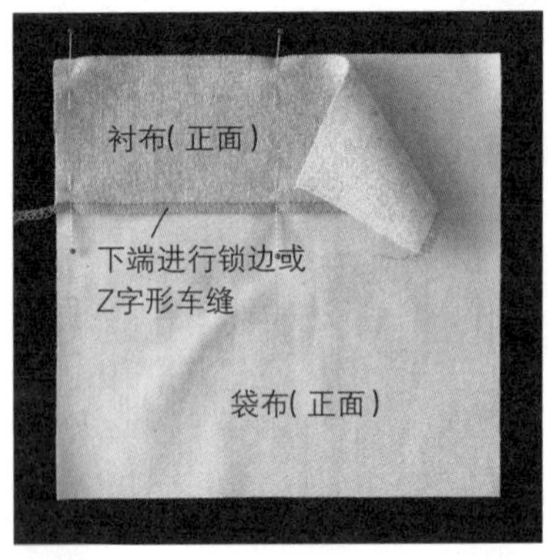

13 衬布叠放在另一片袋布上，用珠针固定。

14 缝合衬布的上下侧。

15 两片袋布正面相对叠合后，用珠针固定。

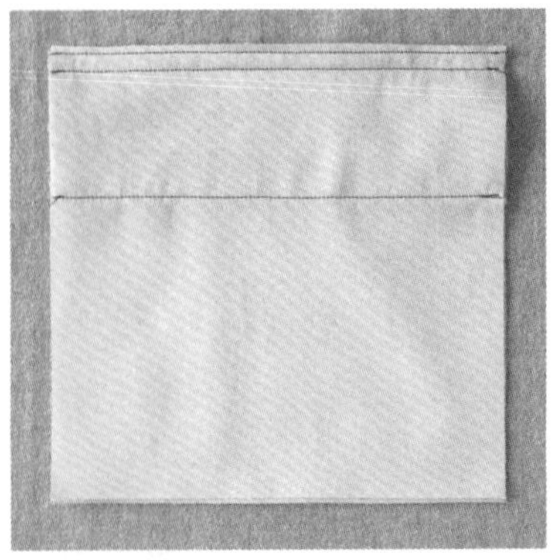

16 缝合袋布上侧的缝份。

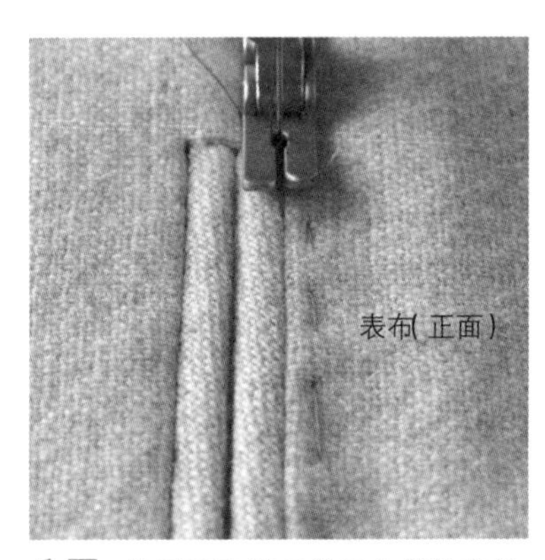

17 从正面车缝口袋口上侧的车缝线，连同袋布一起缝合。

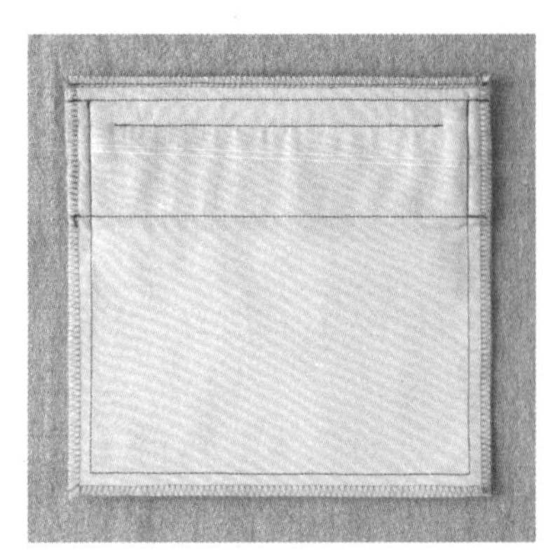

18 缝合袋布的周围，缝份进行锁边或Z字形车缝。

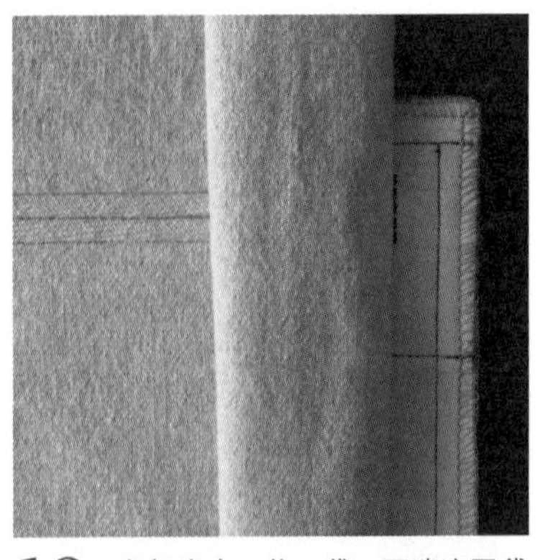

19 卷起表布，将口袋口两端连同袋布一起缝合。两端进行3～4次的回针缝加固。

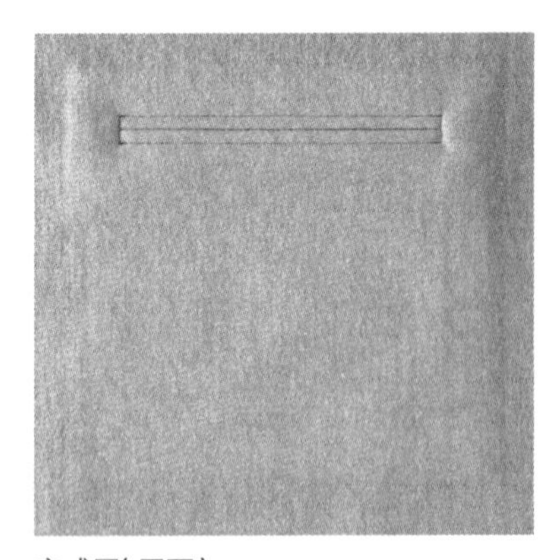

完成图(正面)。

完成图(背面)。

单滚边口袋

开牙口后，只在开口单侧进行滚边的口袋。

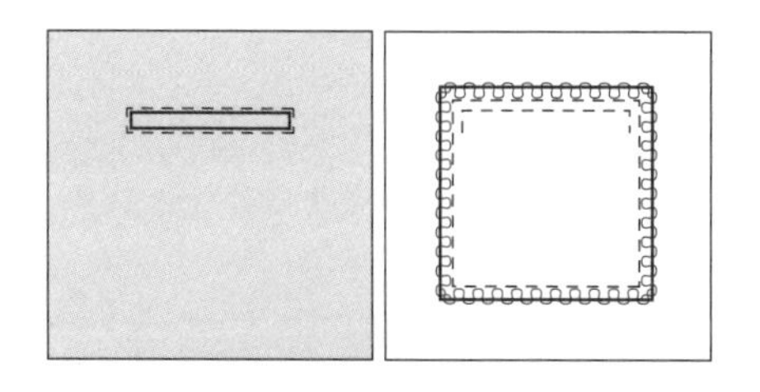

连裁袋口布（缝份倒向单侧、有车缝线）

袋布与袋口布连裁，并制作滚边。

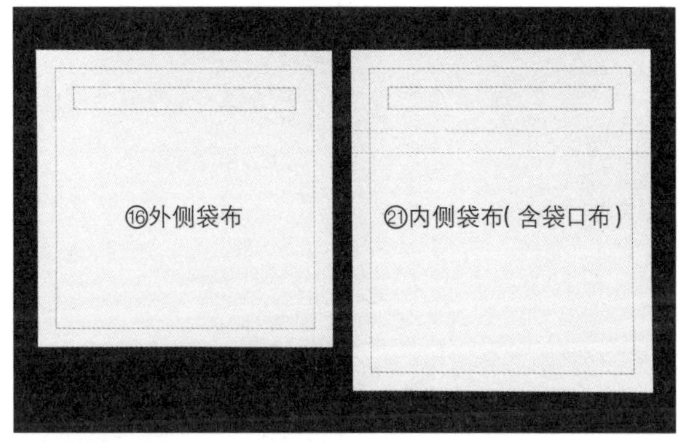

原大纸型 ⑯ + ㉑
缝份为 1cm。

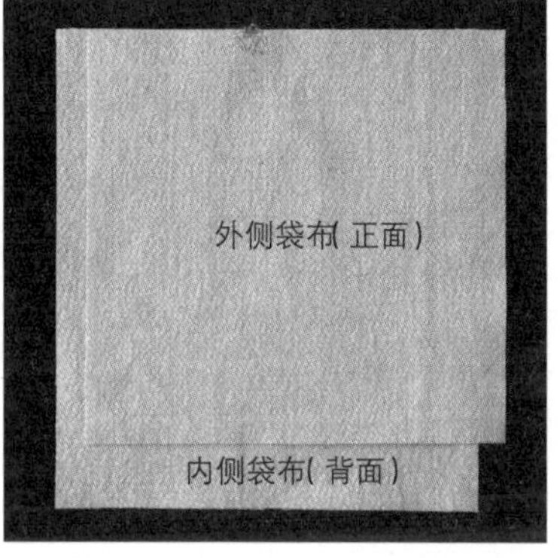

1 裁剪。由于内侧袋布也连着袋口布，所以两片袋布都要用表布来制作。

2 在表布口袋口里面贴加固用的力布。

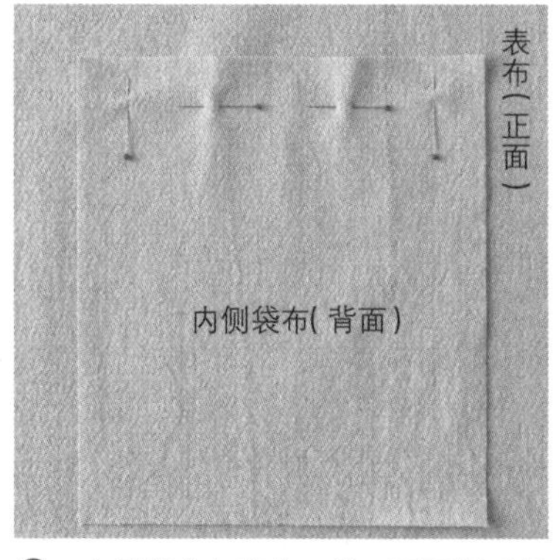

3 内侧袋布与表布口袋口正面相对叠合，用珠针固定。

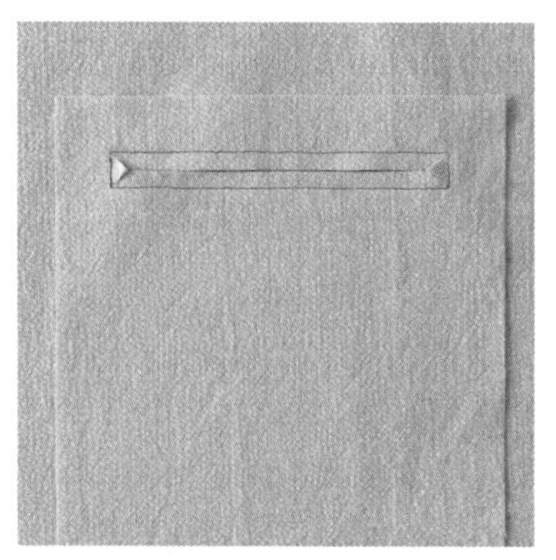

4 用细密的针脚缝合口袋口，剪Y字形牙口（参阅P.43・P.44）

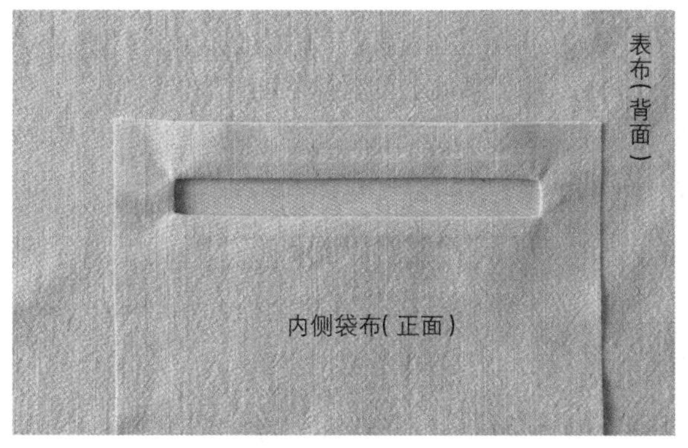

5 从牙口将袋布拉到表布背面，用熨斗整烫口袋口。

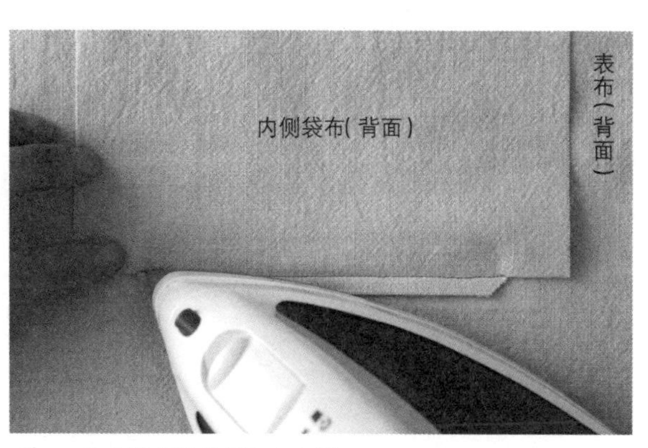

6 口袋上侧的缝份倒向表布侧。

7 反折袋布后调整滚边。

整理滚边的大小。

8 疏缝固定上侧的缝份，下侧则从正面进行车缝。

9 两片袋布正面相对叠合，用珠针固定。★注意不要拉扯到已折成滚边的布端。

放大图。

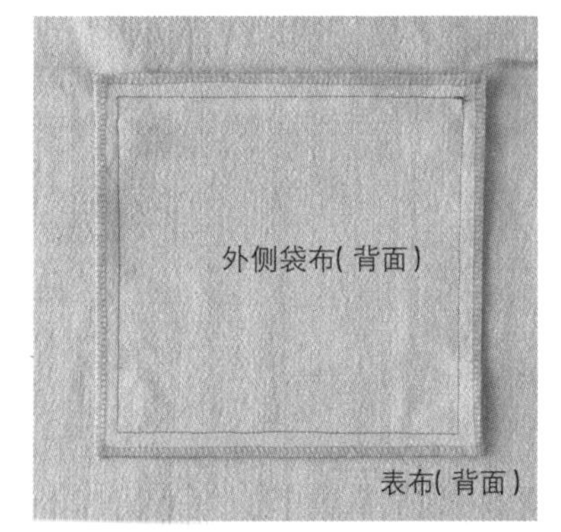

10 缝合袋布的周围，缝份进行锁边或Z字形车缝。

11 从正面车缝口袋口上侧与两端，连同袋布一起缝合。两端进行3~4次的回针缝加固。完成图(正面)。

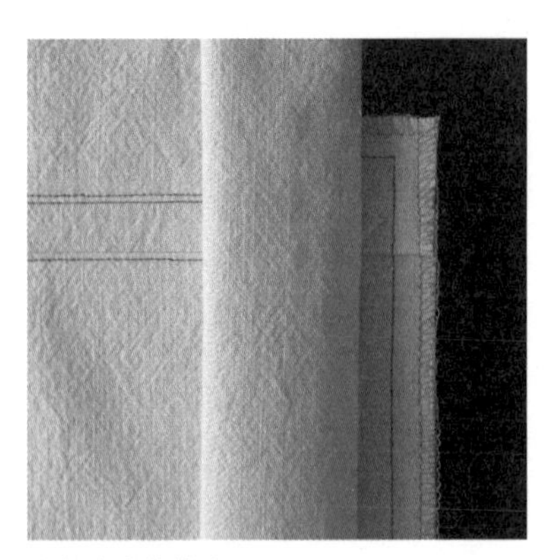

卷起表布的放大图。

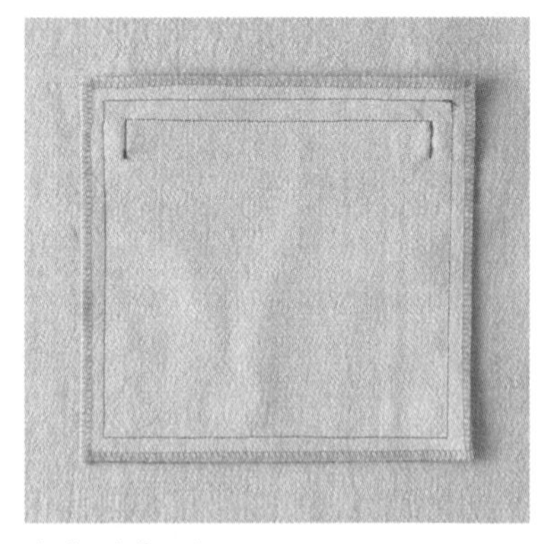

完成图(背面)。

另行裁剪的袋口布(烫开缝份、无车缝线)

另行裁剪的袋口布，用轧光斜纹布或里布作为袋布。
由于从袋口可看见袋布，因此袋布的另一侧需接缝表布(衬布)。

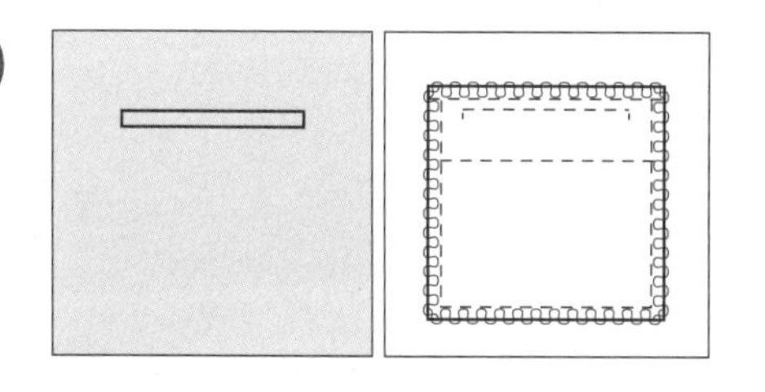

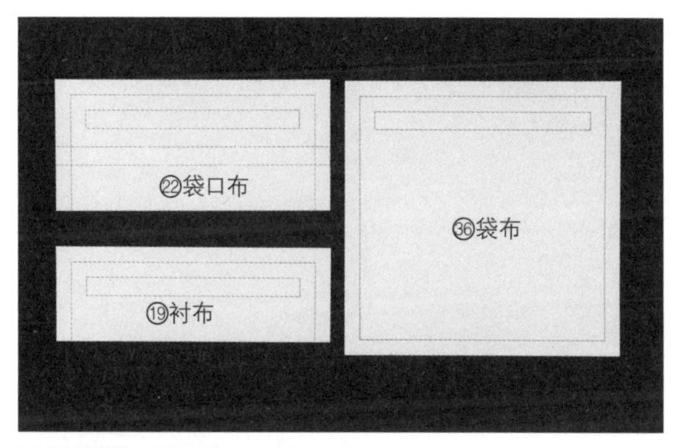

原大纸型⑲+㉒+㊱
缝份为1cm。

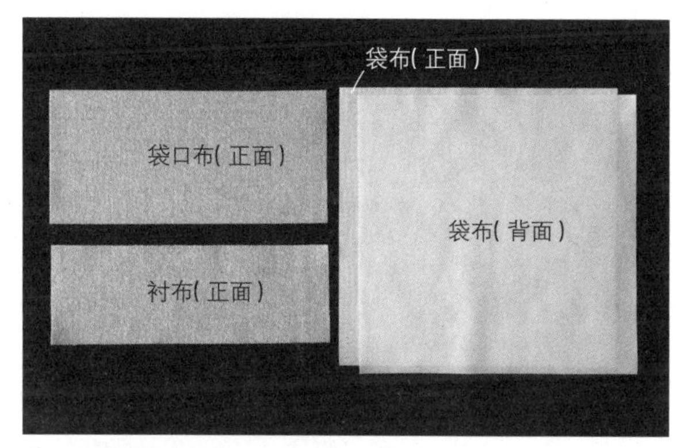

1 裁剪。袋口布与衬布都使用表布。

2 在表布的口袋口背面贴加固用的力布。

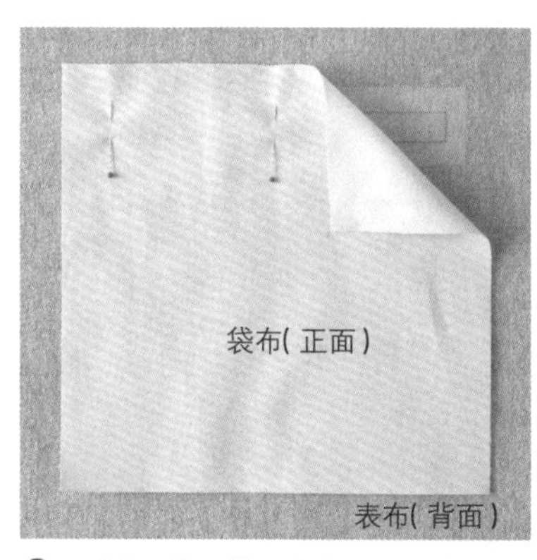

3 对准口袋口放上袋布，用珠针固定。

4 用疏缝固定。

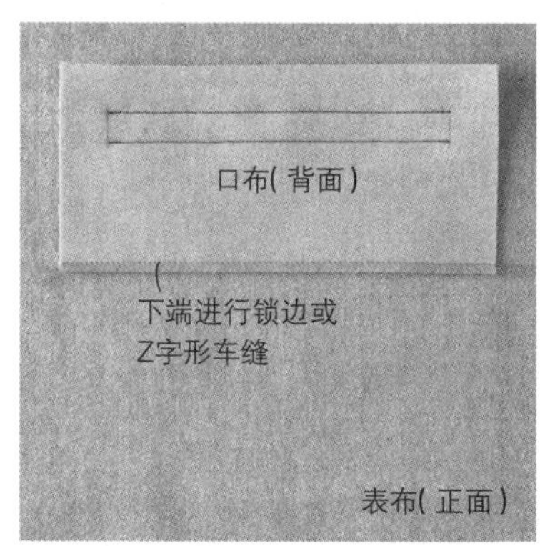

5 袋口布与表布的口袋口正面相对叠合，缝合口袋口的上下。

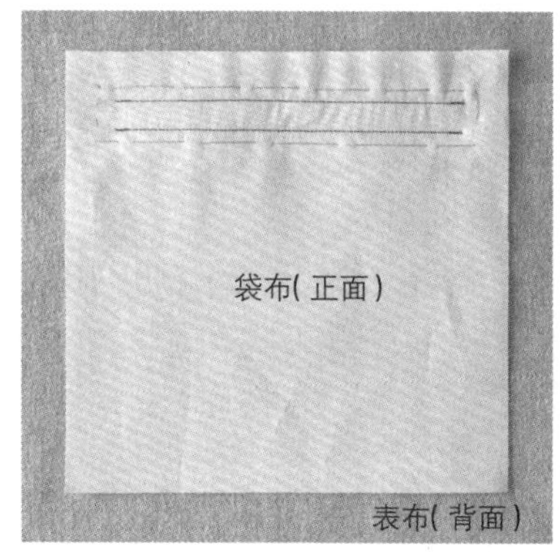

背面图。

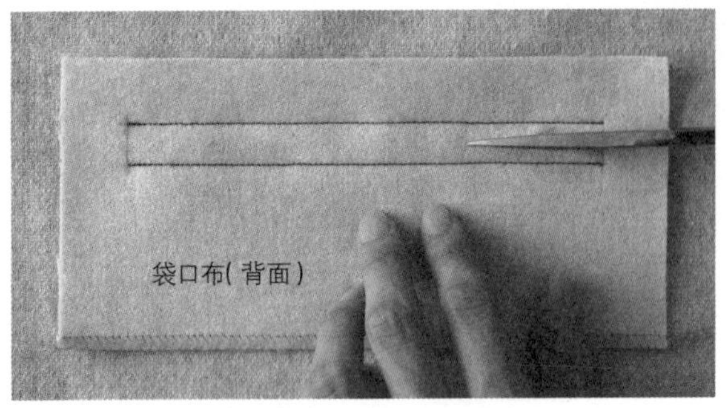

6 在口袋口中央插入剪刀，将袋口布剪成两块。

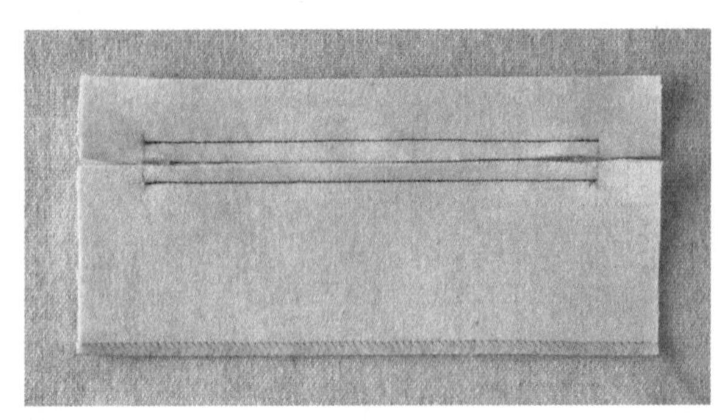

剪开图。

7 表布与袋布剪出Y字形牙口。

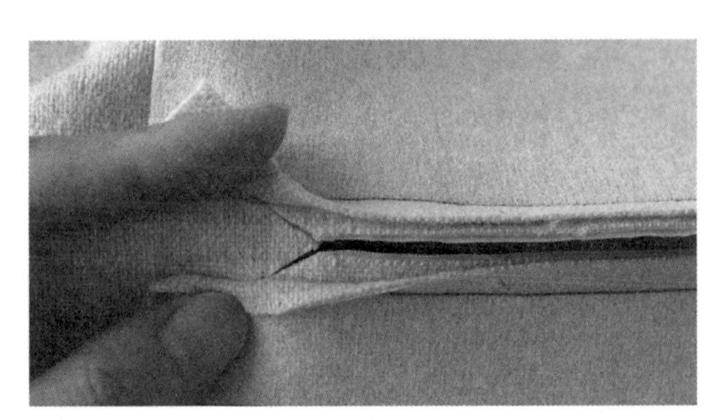

尽量剪开至贴近车缝线，小心不要剪到线。

背面图。

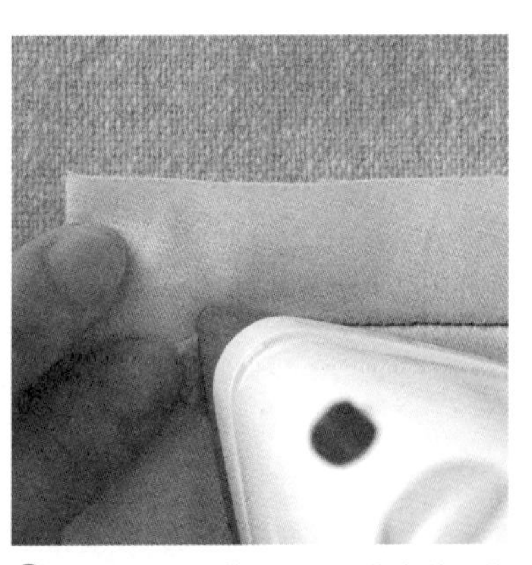

8 用熨斗好好整烫表布与袋布剪开的三角部分。

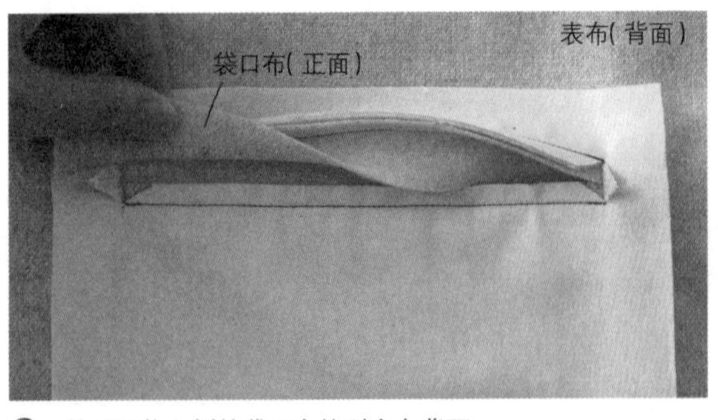

9 从牙口将上侧的袋口布拉到表布背面。

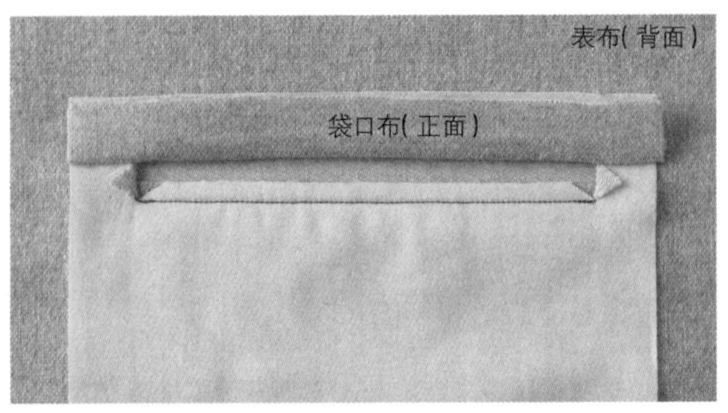

10 往上反折后用熨斗整烫。

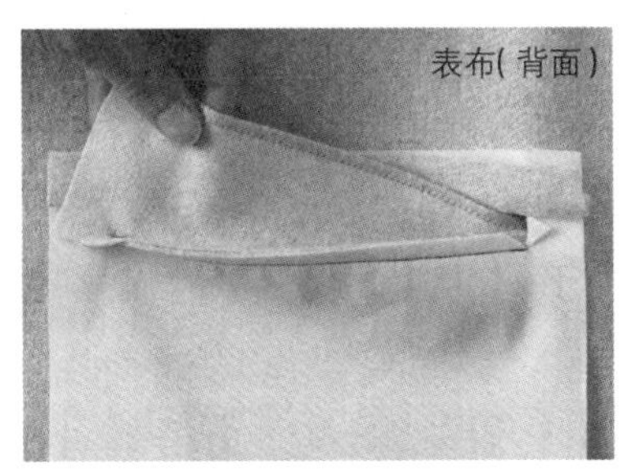

11 下侧的袋口布从里面拉出。

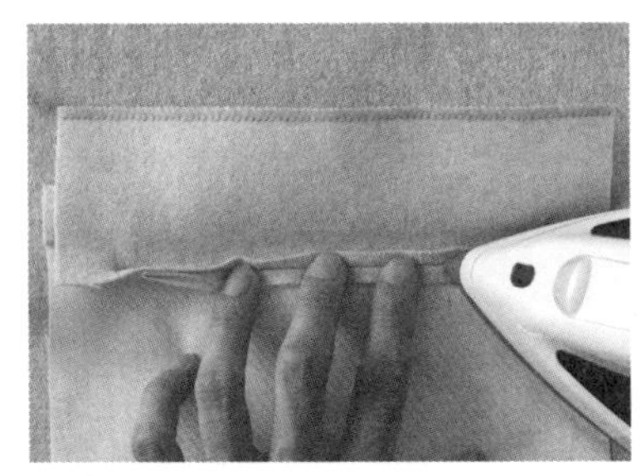

12 烫开缝份。

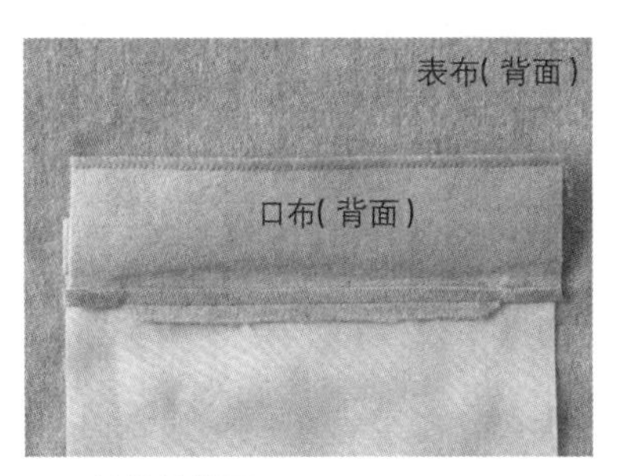

烫开缝份的样子。

13 反折袋口布后调整滚边。

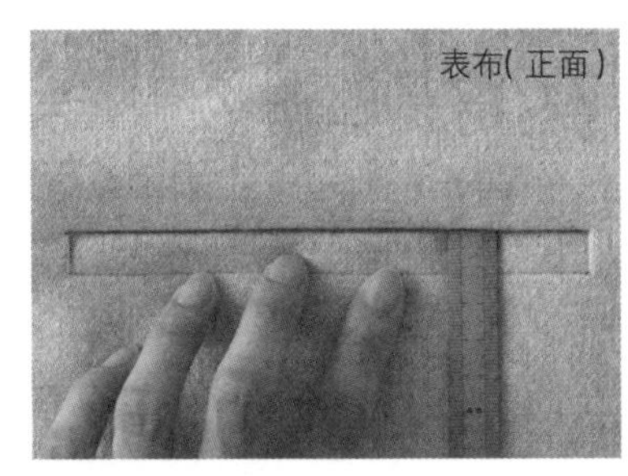

整理滚边的大小。

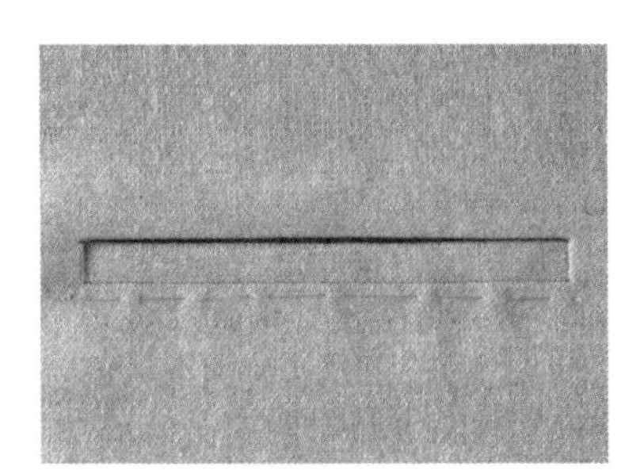

14 用疏缝固定。

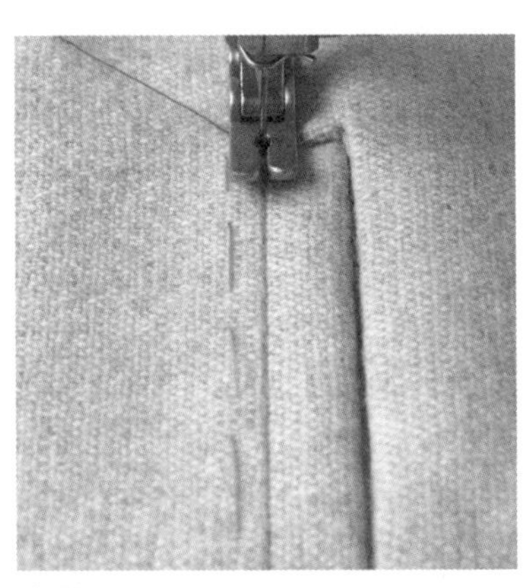

15 在口袋口下侧的车缝线上，从正面进行车缝。

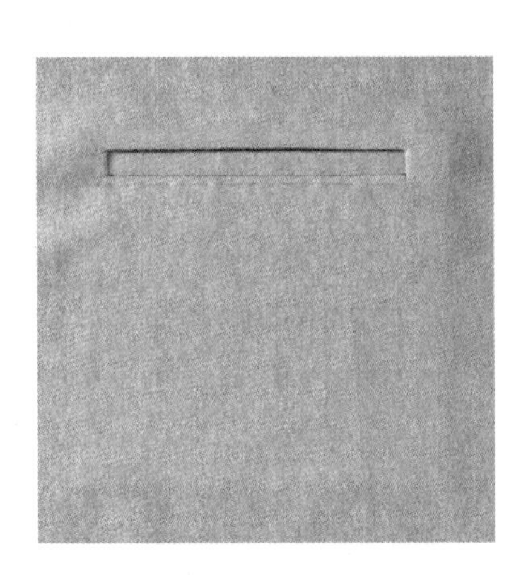

背面图。

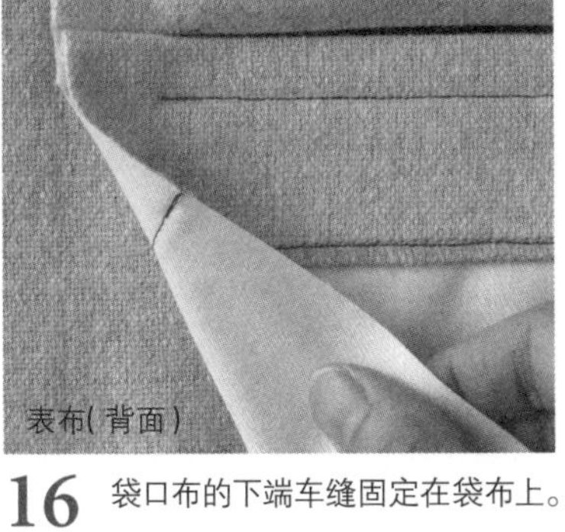

16 袋口布的下端车缝固定在袋布上。

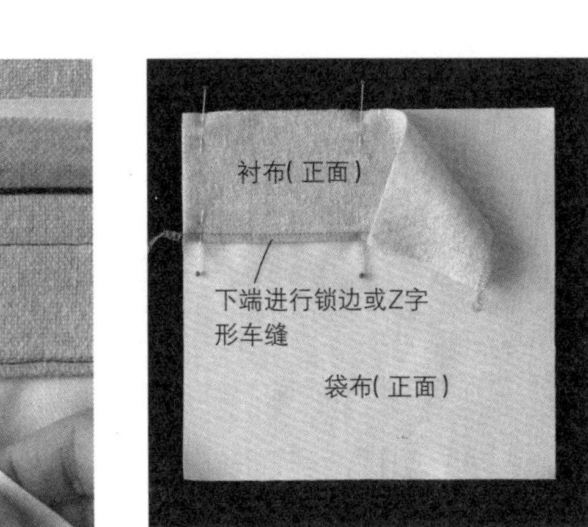

17 衬布叠放在另一片袋布上，用珠针固定。

18 缝合衬布的上下端。

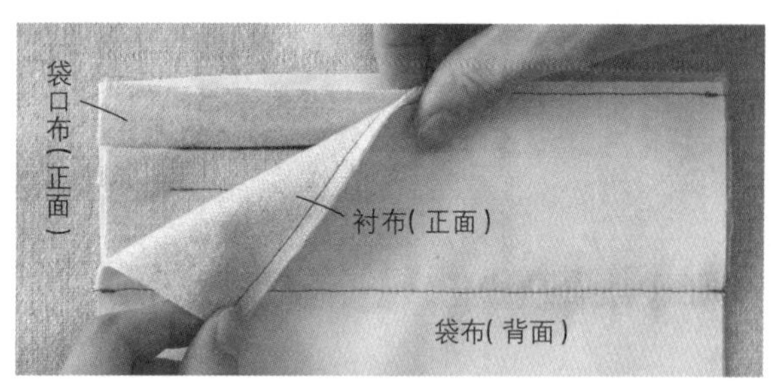

19 缝上衬布的袋布与袋口布正面相对叠合。

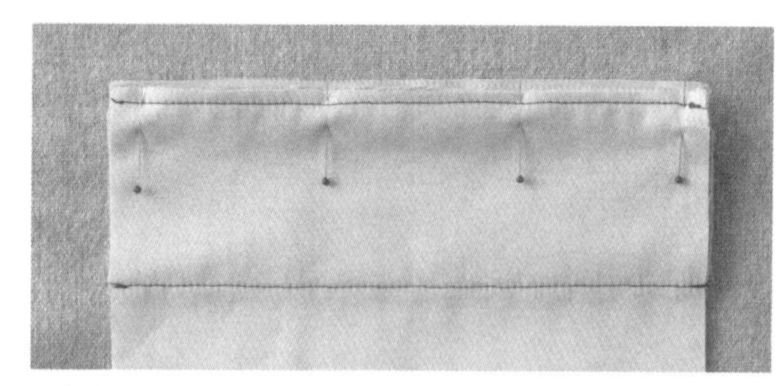

只有袋布与袋口布用珠针固定。

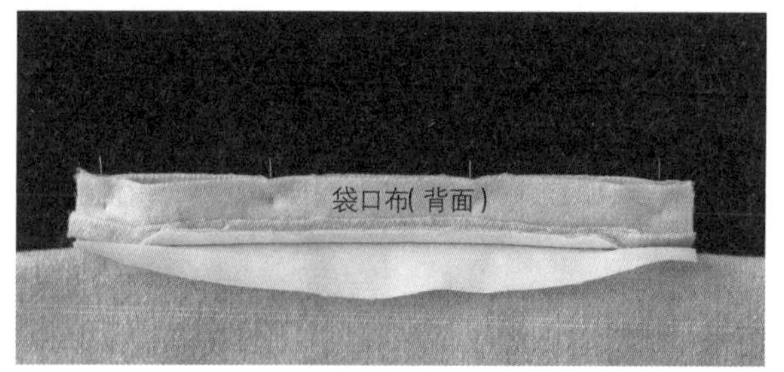

从袋口布看的样子。

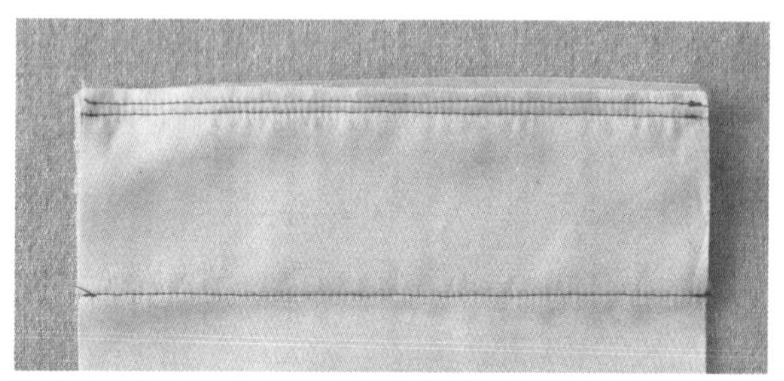

20 缝合袋布与袋口布上侧的缝份。

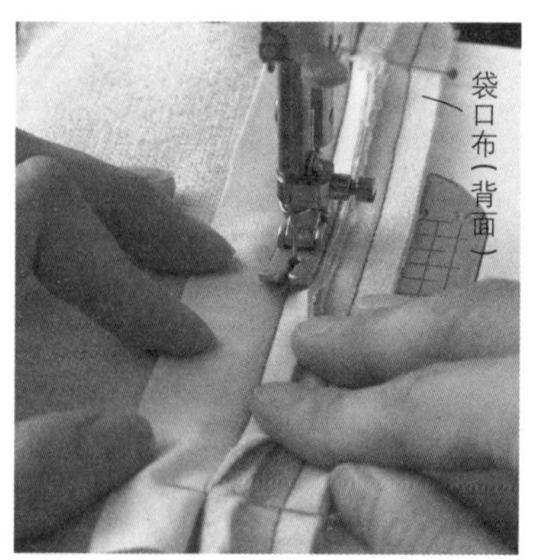

21 车缝口袋口上侧的缝份,连同接缝衬布的袋布一起缝合。

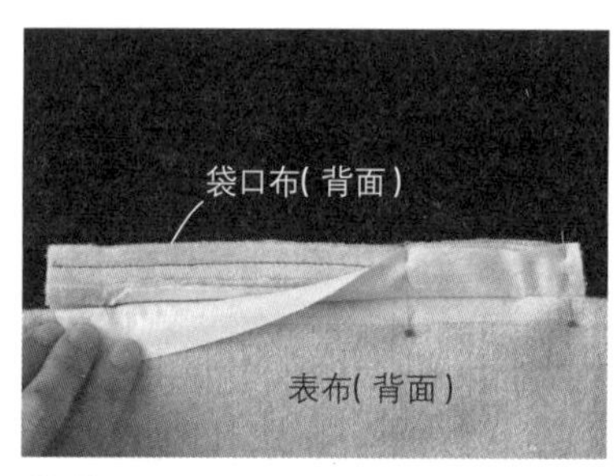

22 像要隐藏表布上的袋布缝份般,用珠针固定。

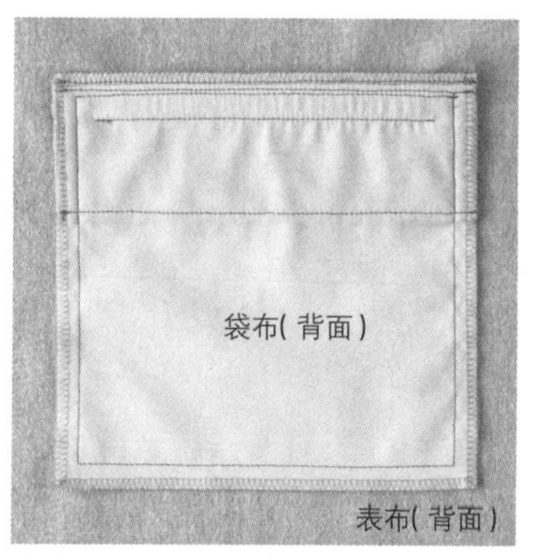

23 缝合袋布的周围，缝份进行锁边或Z字形车缝。

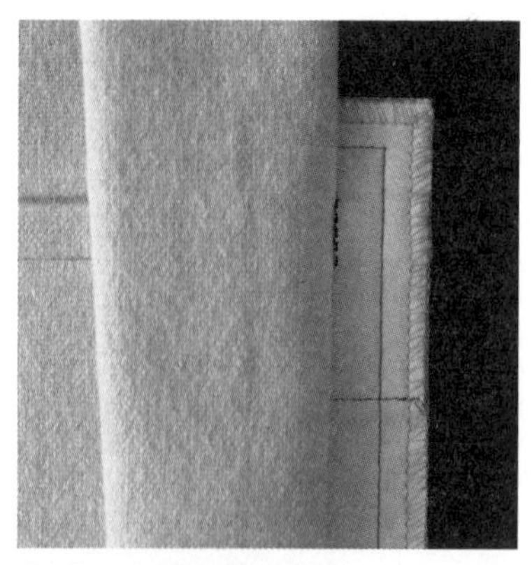

24 卷起表布，将口袋口两端连同袋布一起缝合。两端进行3~4次的回针缝加固。

完成图(正面)。

完成图(背面)。

盖式口袋

用滚边处理袋盖内侧(下侧)的口袋。

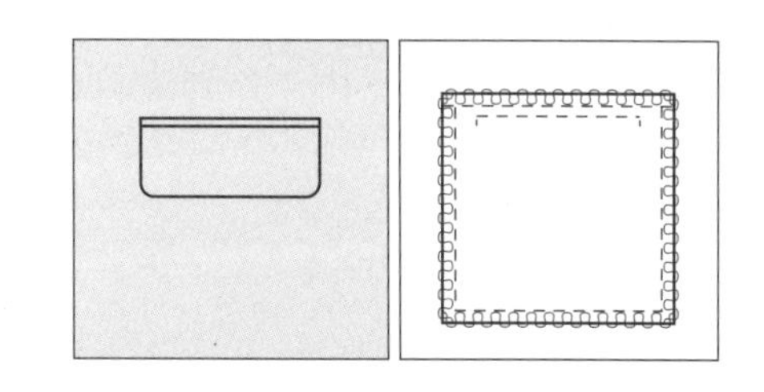

双滚边

在双滚边口袋上加装袋盖的口袋。

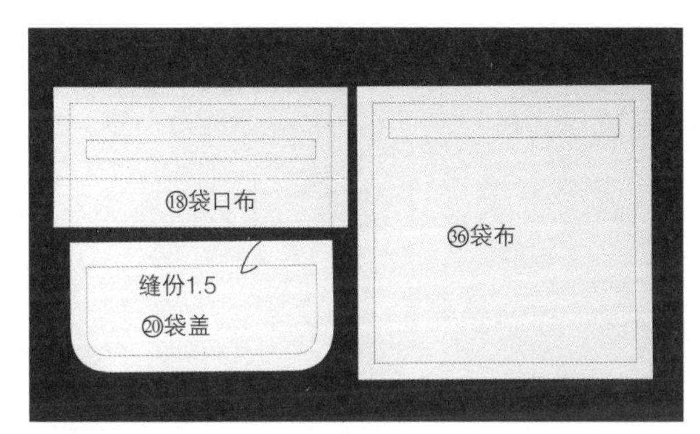

原大纸型⑱+⑳+㊱
除了特别注明之外，缝份一律为1cm。

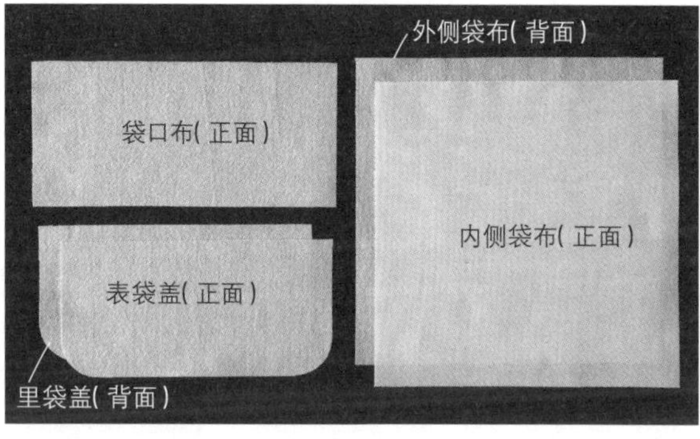

1 裁剪。外侧袋布和衬布都使用表布。(另行裁剪衬布参阅P.46)

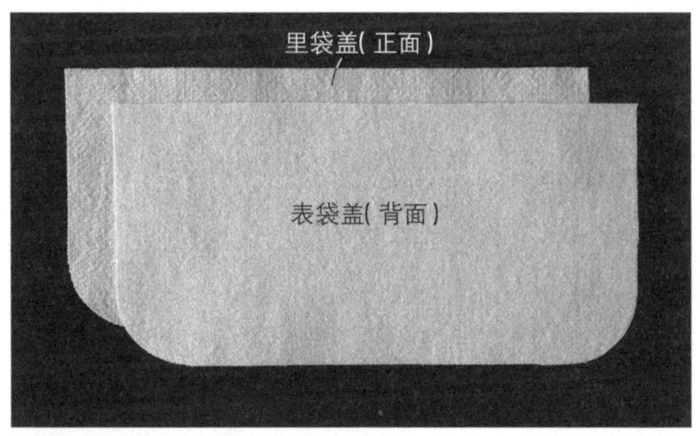

2 表袋盖的背面贴黏合衬。

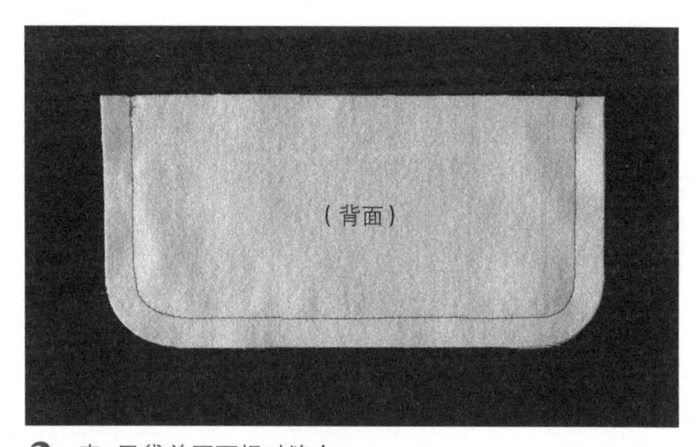

3 表、里袋盖正面相对缝合。

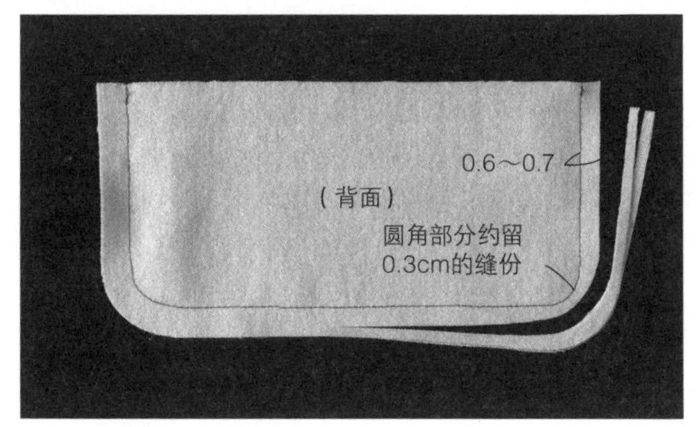

4 剪掉缝份，进行整理。

5 翻回正面，用熨斗整烫。

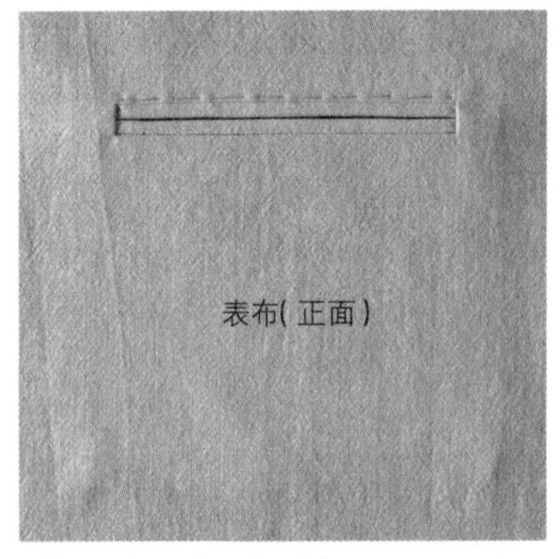

6 缝制双滚口袋(参阅P.46・P.47)。

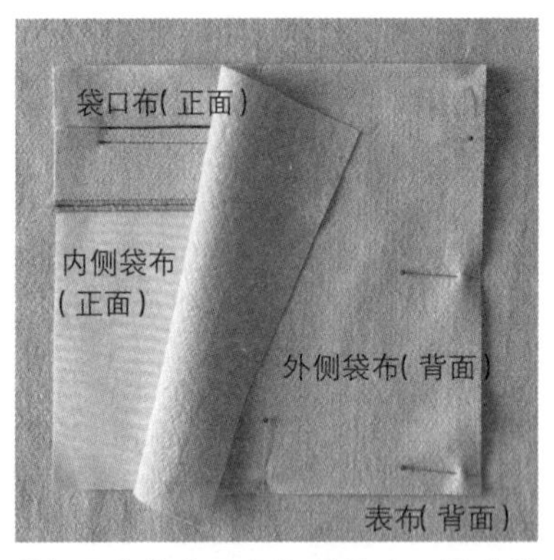

7 两片袋布正面相对叠合，用珠针固定。

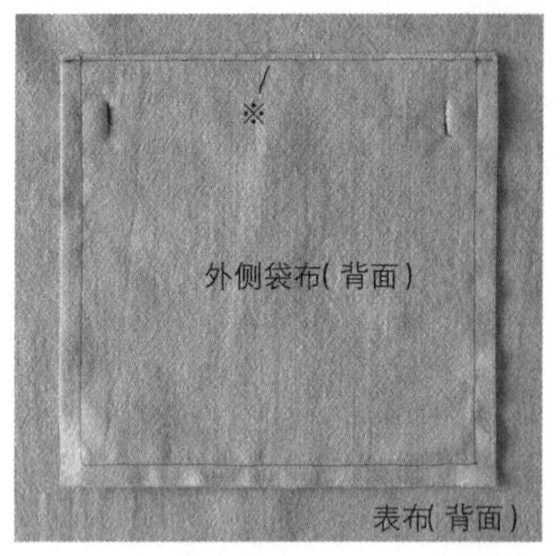

8 缝合袋布的周围。※由于上侧是在这之后加入袋盖的缝份，所以要先固定布端再缝合。

9 卷起表布，将口袋口两端连同袋布一起缝合。两端进行3～4次的回针缝加固。

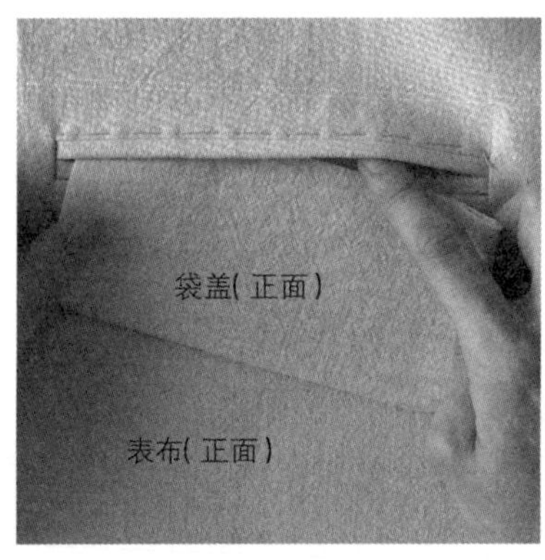

10 袋盖插入上侧。

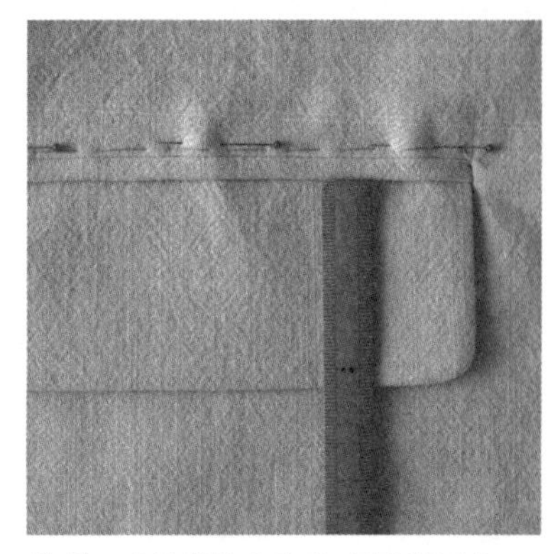

11 确认袋盖宽度后，用珠针固定。

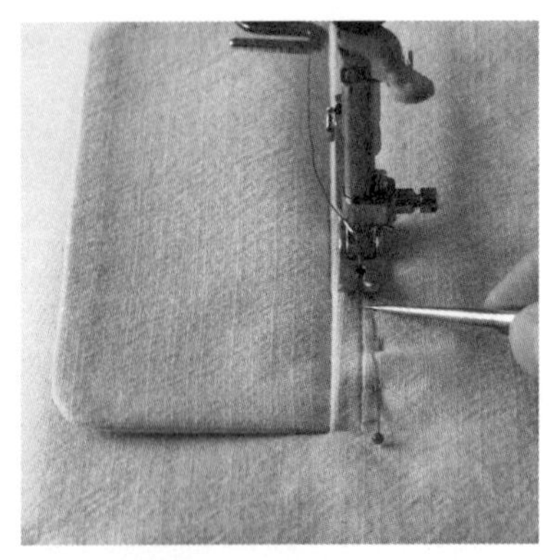

12 在口袋上侧的车缝线上，从正面连同袋布一起进行车缝，加装袋盖。

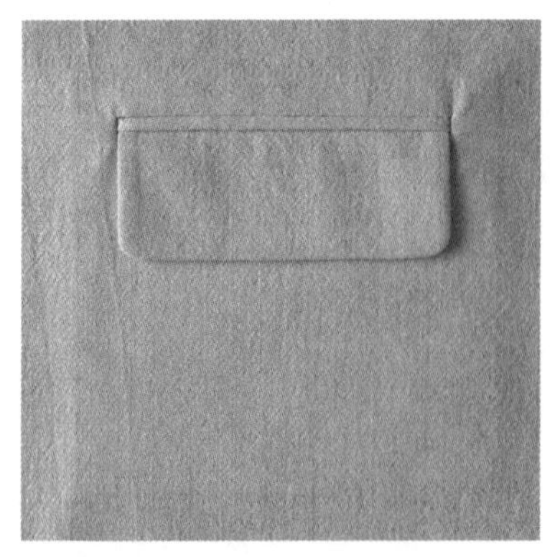

13 完成图(正面)。

完成图(背面)。

单滚边

在单滚边口袋上加装袋盖的口袋。

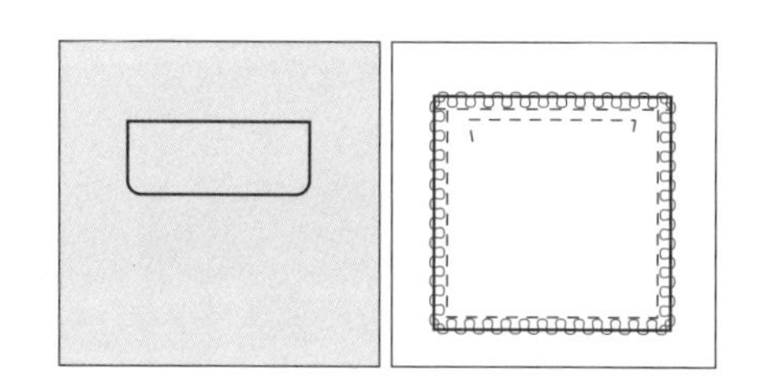

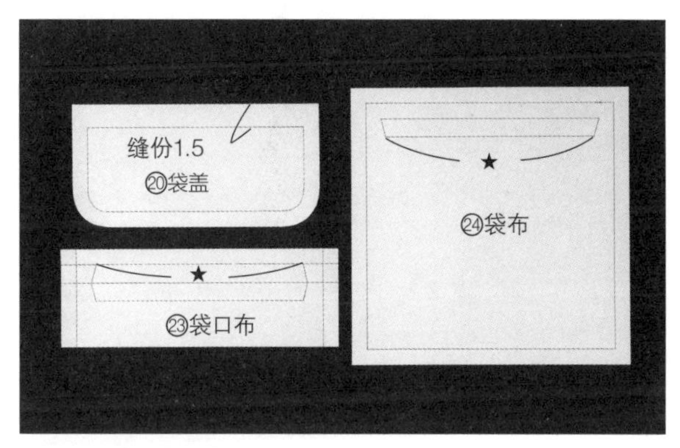

原大纸型⑳+㉓+㉔
除了特别注明之外，缝份一律为 1cm。

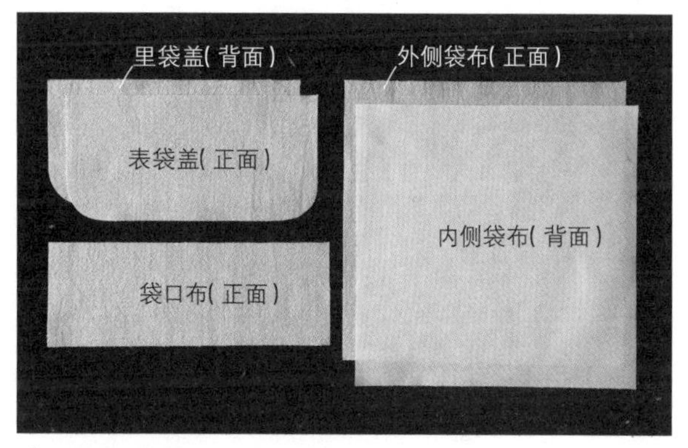

1 裁剪。外侧袋布和衬布都要使用表布。
(裁剪衬布参阅P.46)

2 制作袋盖(参阅P.55的步骤2~5)。为避免车缝固定时的错位，可先将缝份固定。

3 在表布的口袋口背面贴加固用的力布，用珠针固定内侧袋布。(参阅P.51步骤2、3)。

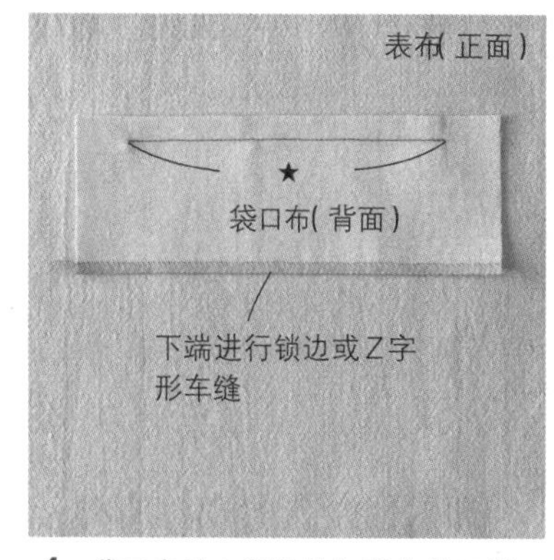

4 袋口布的★记号处与表布的口袋口下侧正面相对叠合，进行缝合。

5 表袋盖与表布的口袋口上侧正面相对叠合后缝合。

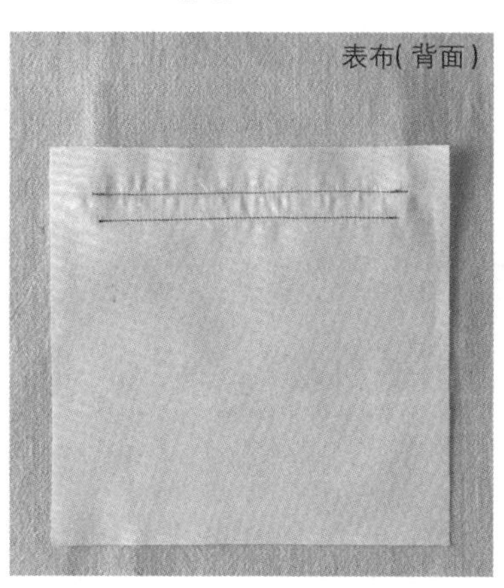

背面图。接缝袋口布时，确认车缝线比袋盖的车缝线稍短一点。

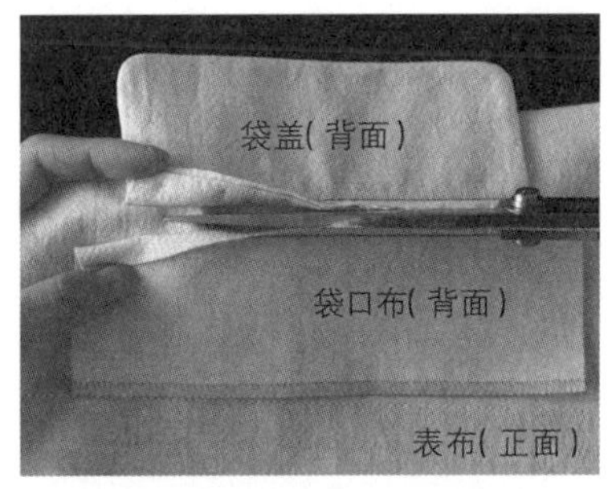

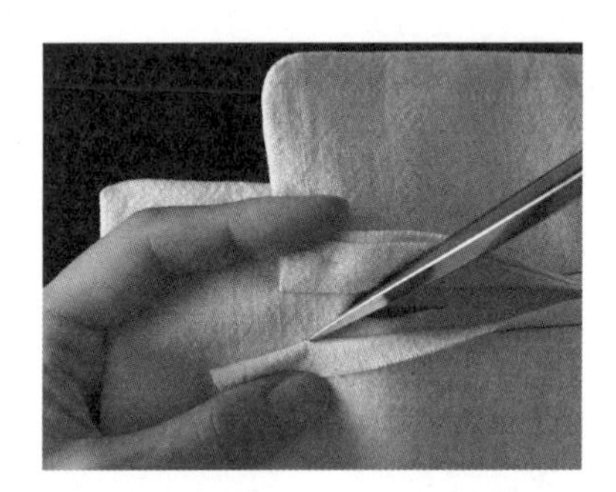

6 避开袋盖与袋口布，在袋口的中央剪出Y字形牙口。

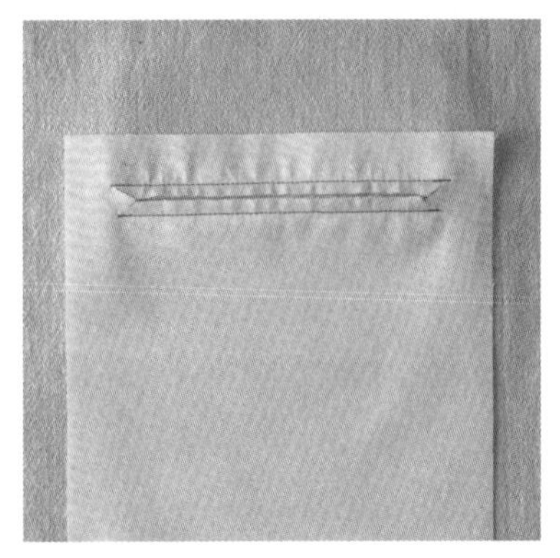

背面图。

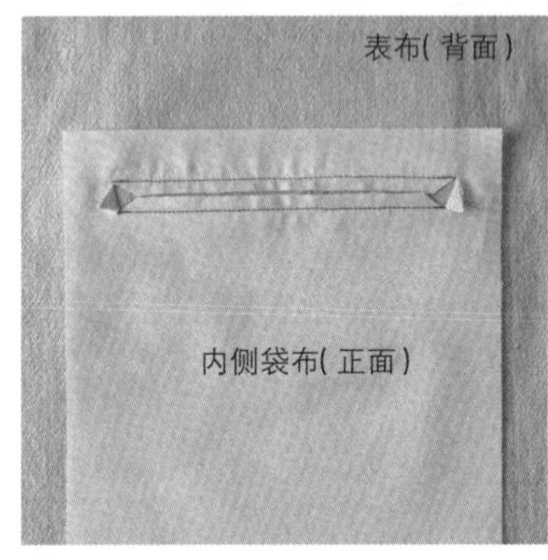

7 用熨斗好好整烫口袋口两端的三角部分。

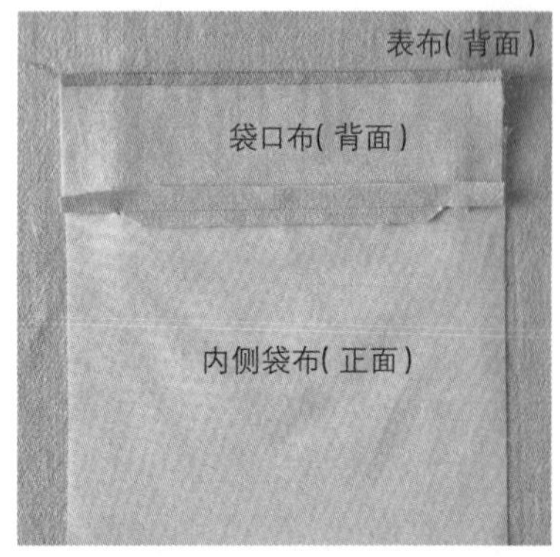

8 从牙口将袋口布拉到表布背面，烫开缝份。

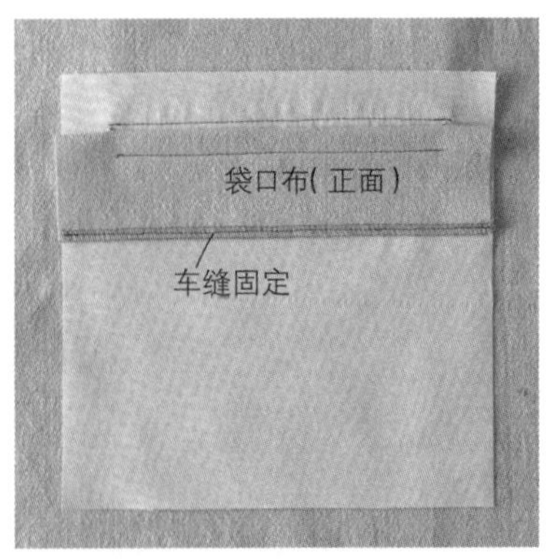

9 调整滚边，袋口布下端从正面车缝，固定在袋布上（参阅P.53）。

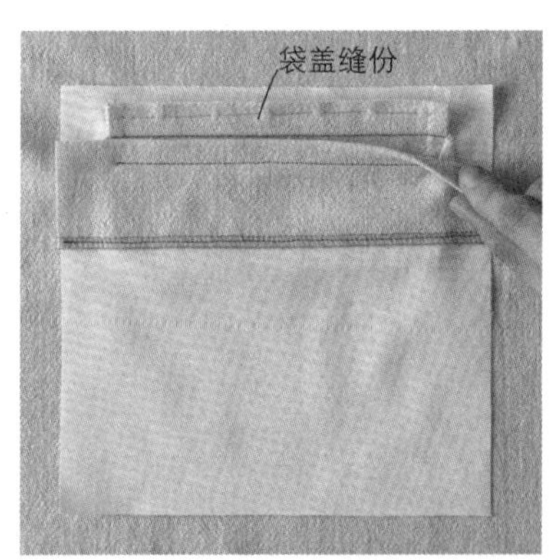

10 袋盖的缝份倒向上侧。

11 袋布正面相对叠合，用珠针固定后车缝上侧之外的边缘。

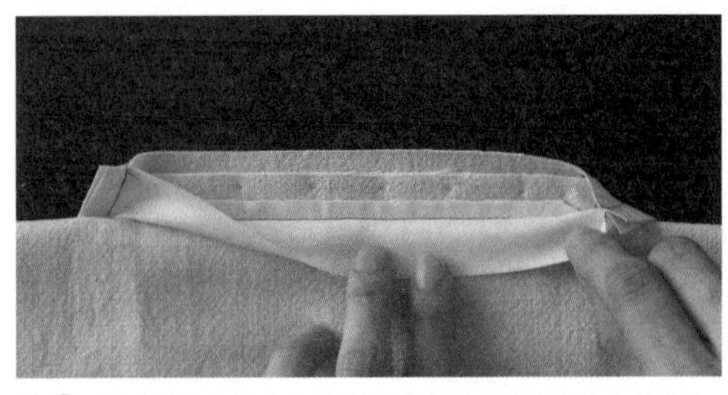

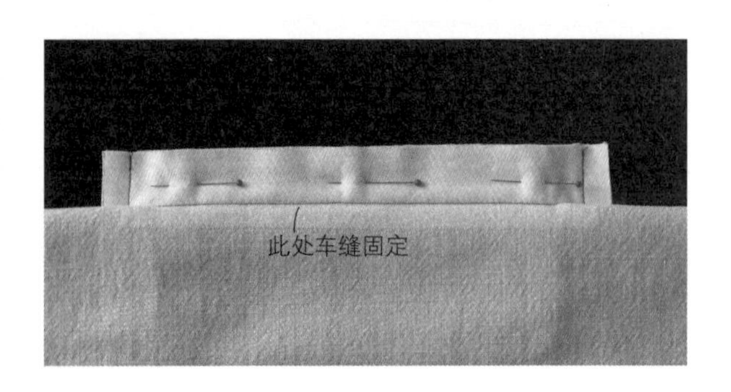

12 用珠针固定袋布上侧，将袋盖的缝份车缝固定在袋布上。

背面图。

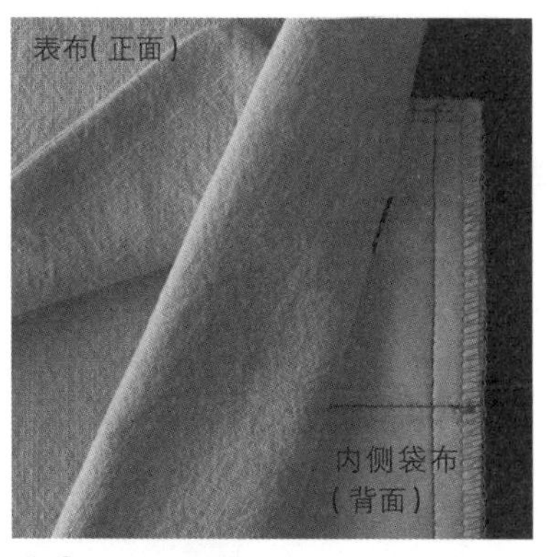

13 袋布的缝份进行锁边或Z字形车缝。卷起表布、拉起袋盖后连同袋布一起车缝口袋品的两端。两端进行3～4次的回针缝加固。

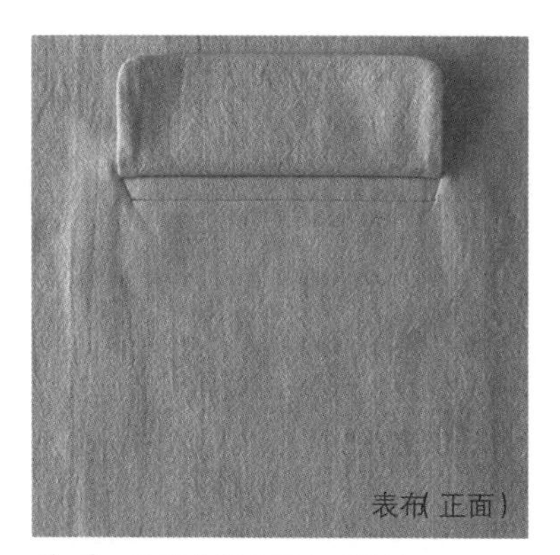

14 隐藏在袋盖下完成滚边。

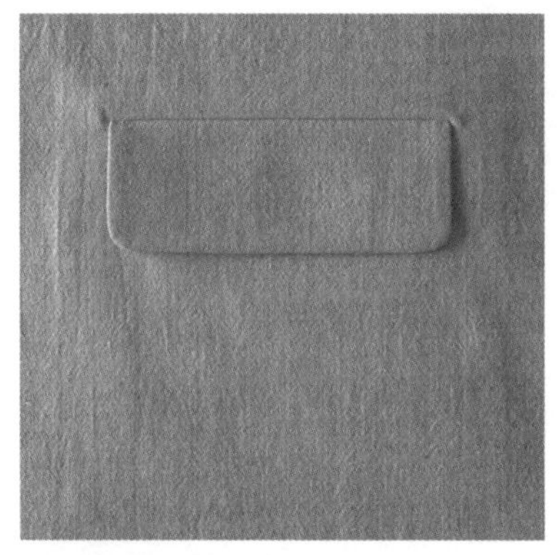
完成图(正面)。

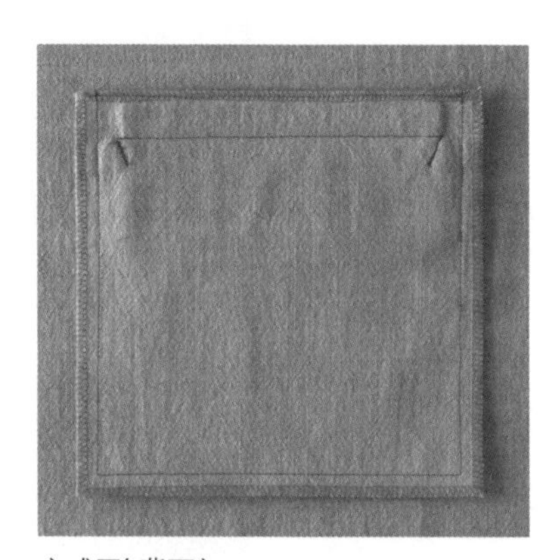
完成图(背面)。

袋盖的花纹设计

袋盖的花纹对齐与否，会给人完全不同的印象。

花纹对齐，整体很协调，口袋就不会太显眼。

花纹不对齐，反而有种特别强调的设计感。

盖式口袋

立式口袋

制作成横带状的口袋。主要缝在夹克或外套上面，夹克上的通常是胸前口袋。

直立式袋口布＋回针缝

车缝直立式袋口布的两侧，再接缝在表布上。

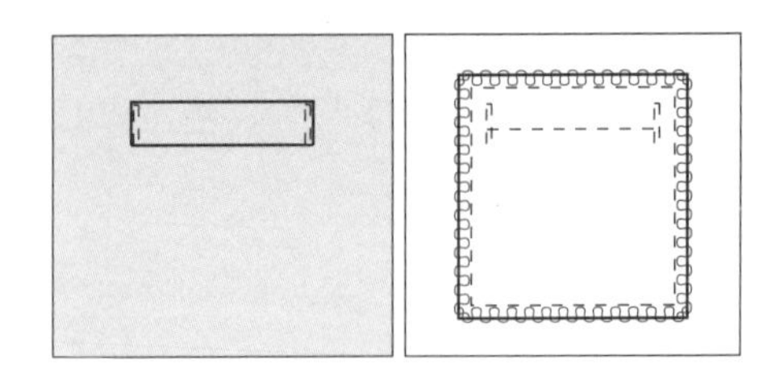

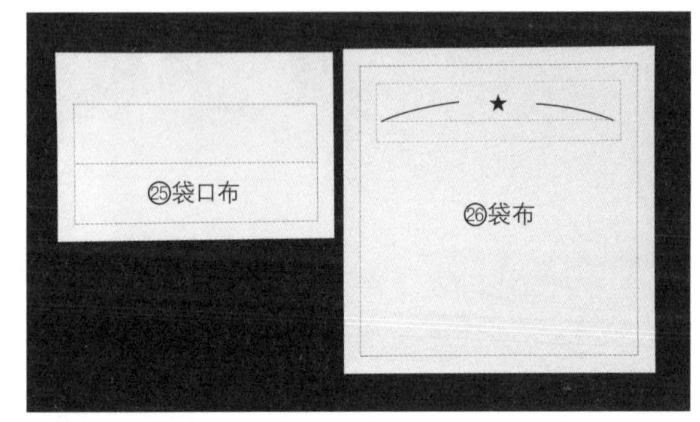

原大纸型㉕＋㉖
缝份为1cm。

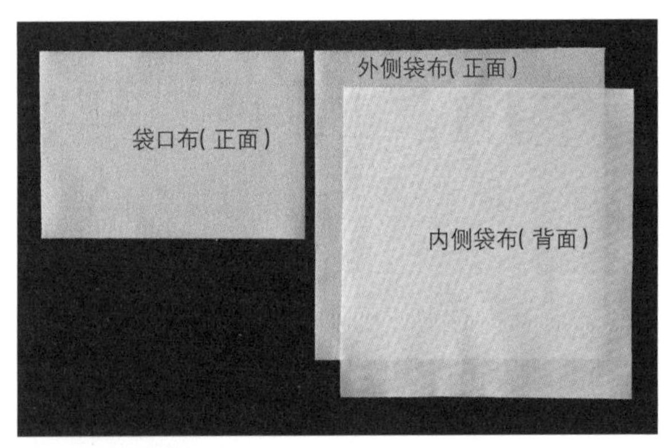

1 裁剪。内侧袋布使用轧光斜纹棉布或里布。

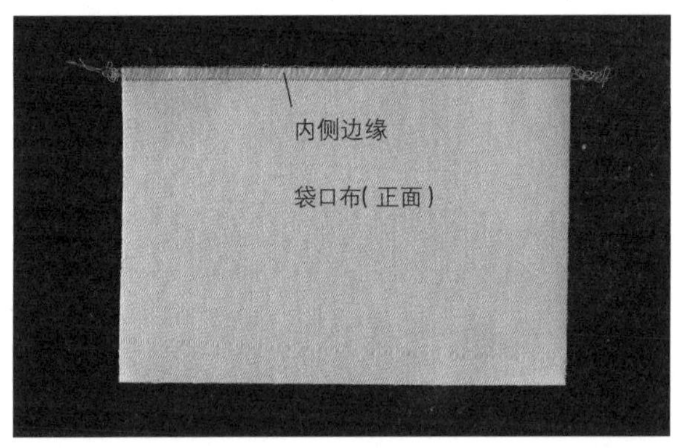

2 袋口布的背面贴黏合衬，内侧边缘进行锁边或Z字形车缝。

3 沿完成线正面相对对折，缝合两端。

4 翻回正面，用熨斗整烫。

5 在表布口袋口背面贴加固用的力布。

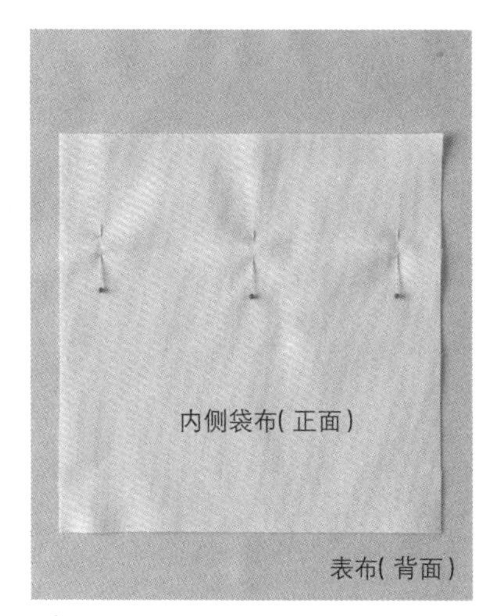

6 对齐口袋口后放上内侧袋布,用珠针固定,进行疏缝。

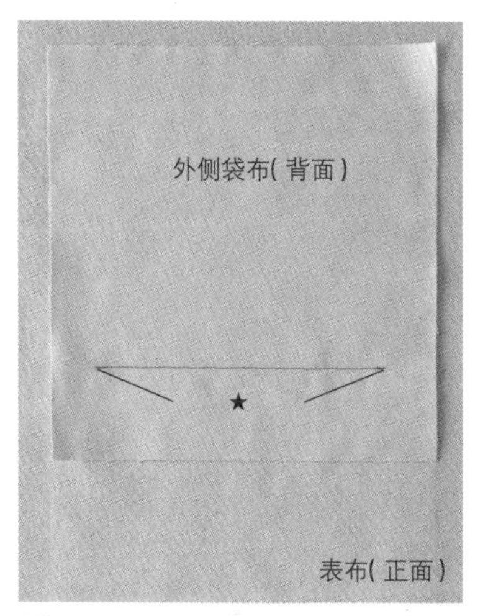

7 外侧袋布上下颠倒后,将★记号处与表布正面相对叠合后缝合。

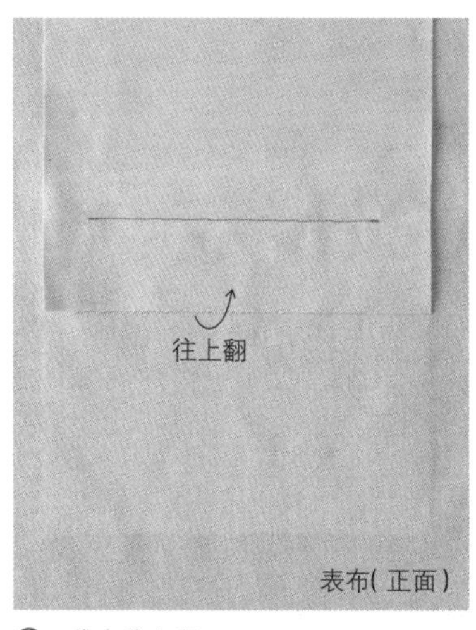

8 袋布往上翻。

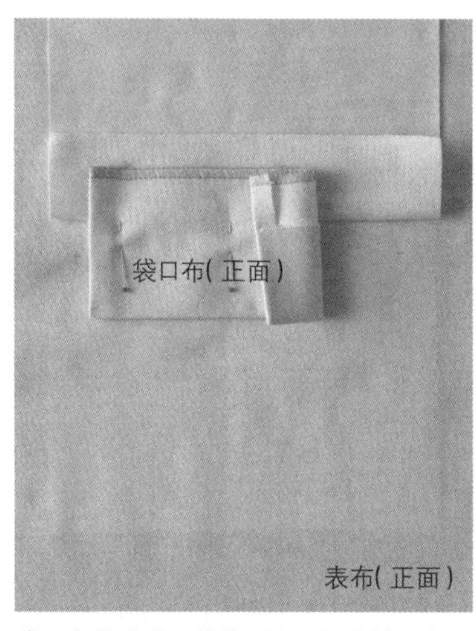

袋口布叠合在口袋位置上,用珠针固定。

缝合。

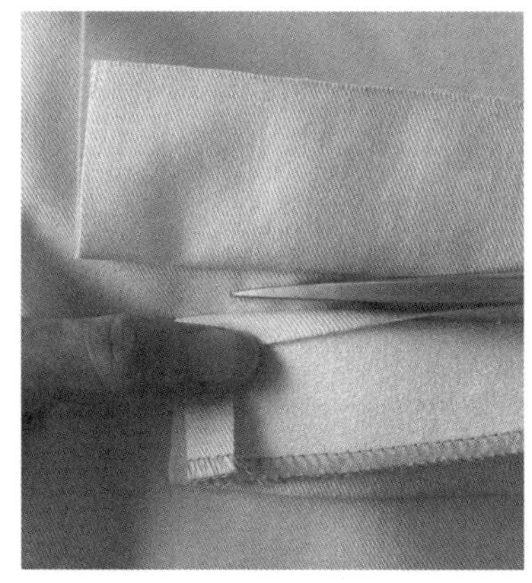
9 在袋布与袋口布车缝线的中央剪出Y字形牙口。

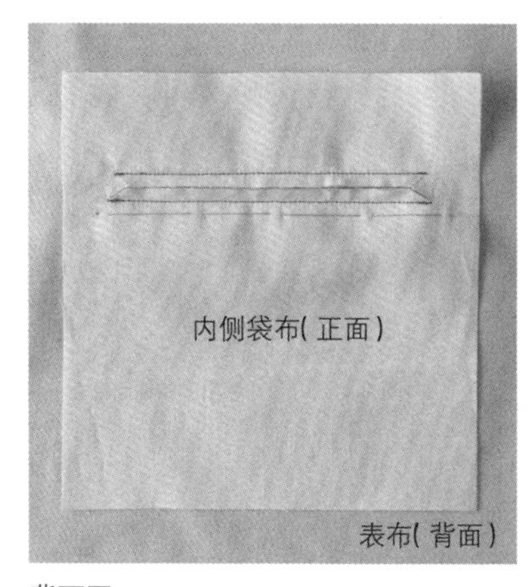

背面图。

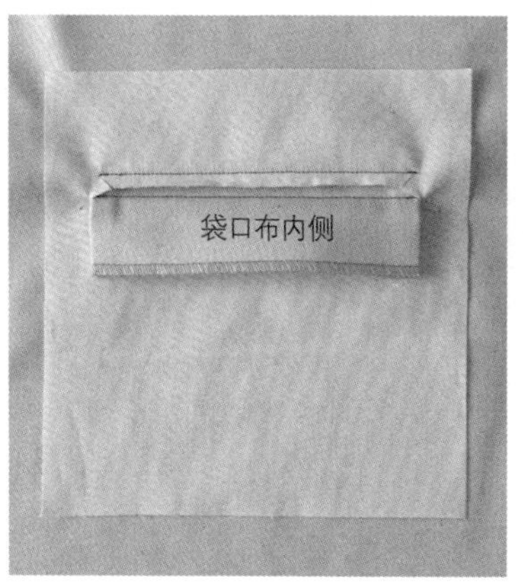

10 袋口布内侧部分从里面拉出。

立式口袋

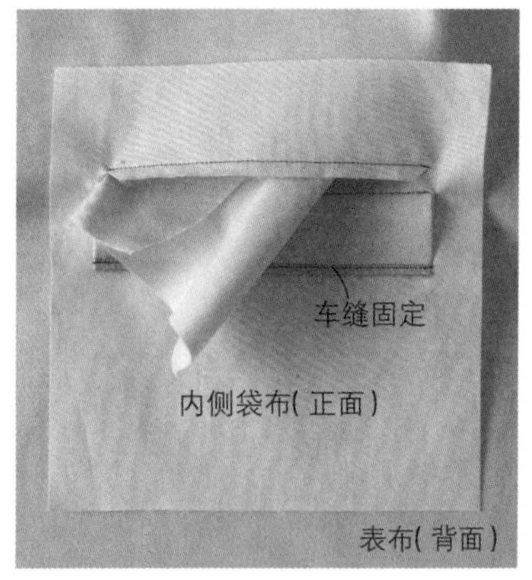

11 袋口布内侧边缘车缝固定在袋布上，外侧袋布从里面拉出。

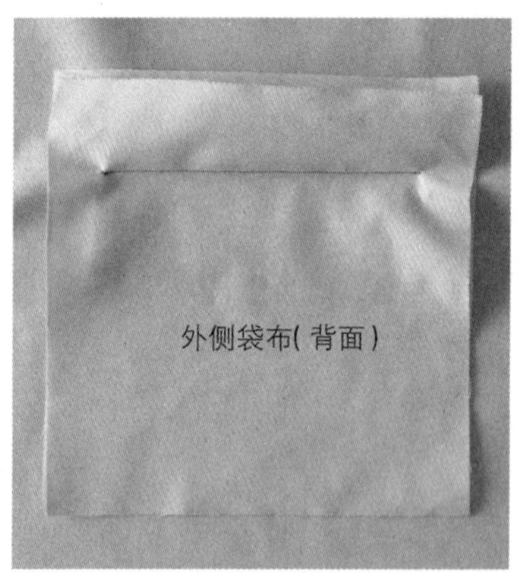

12 袋布正面相对叠合。

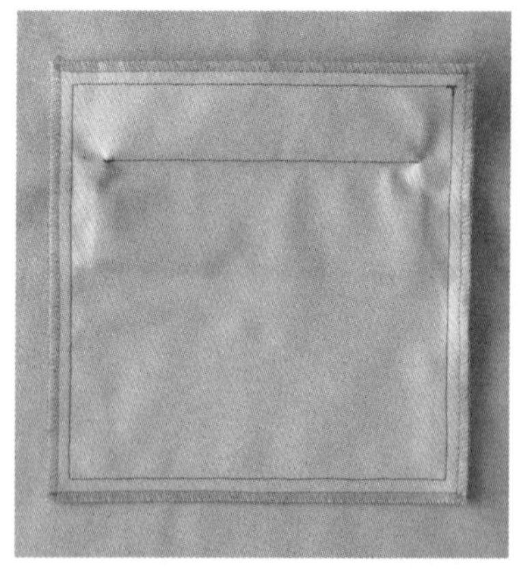

13 车缝袋布的周围，缝份进行锁边或Z字形车缝。

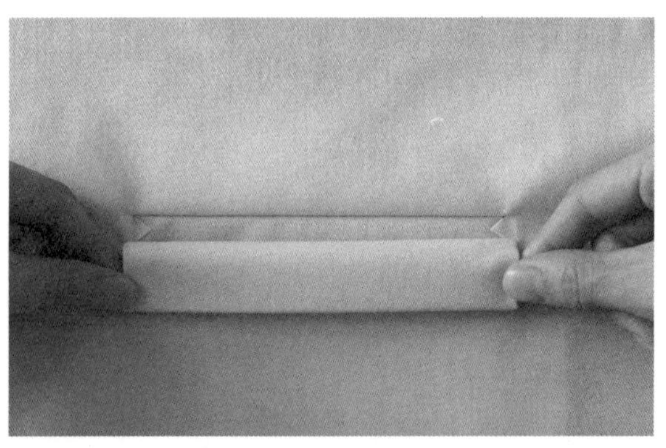

14 正面图。口袋两端、三角部分就这样调整。

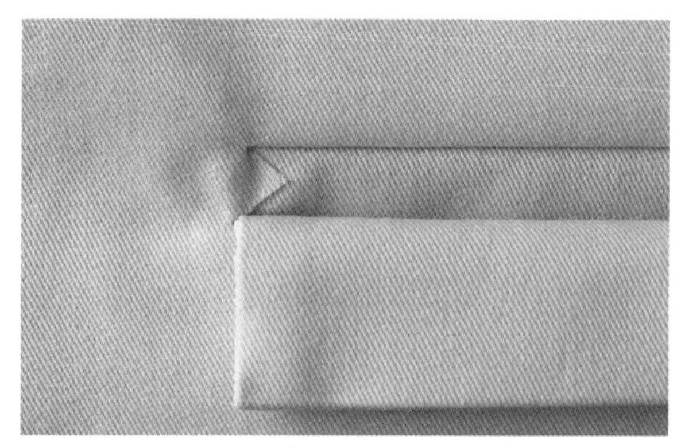

放大图。三角部分是跟固定袋口布的车缝一起压缝的。

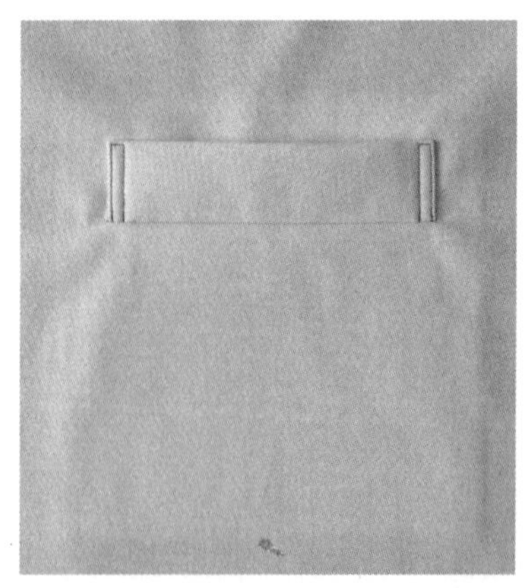

15 将袋口布整理完成的状态，两端连同袋布一起进行车缝。完成图(正面)。

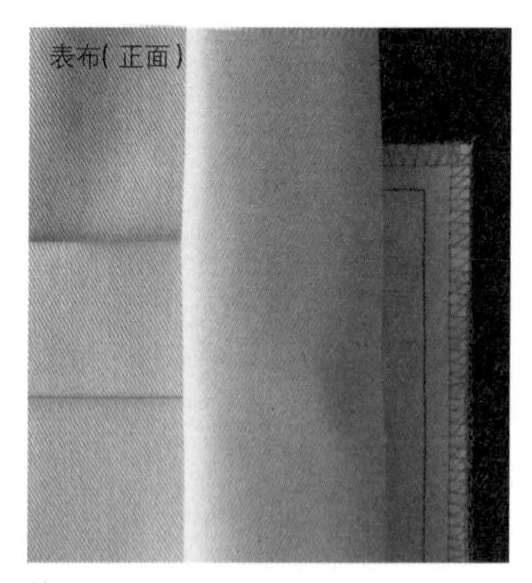

放大图。

完成图(背面)。

直立式袋口布的缝纫法

◎一般车缝

不希望两端的车缝线太明显时，
进行一般车缝。

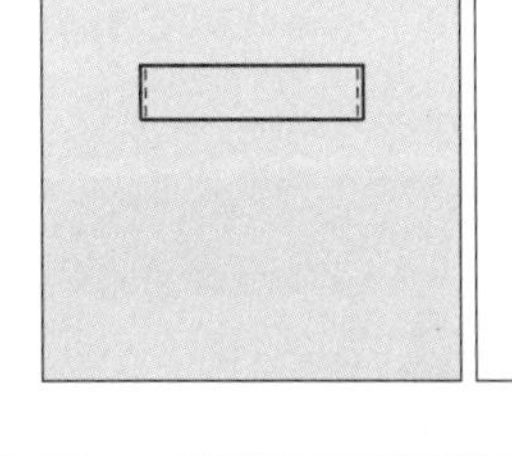

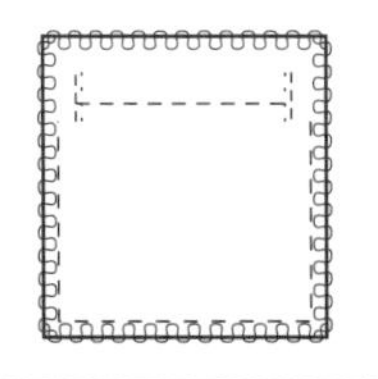

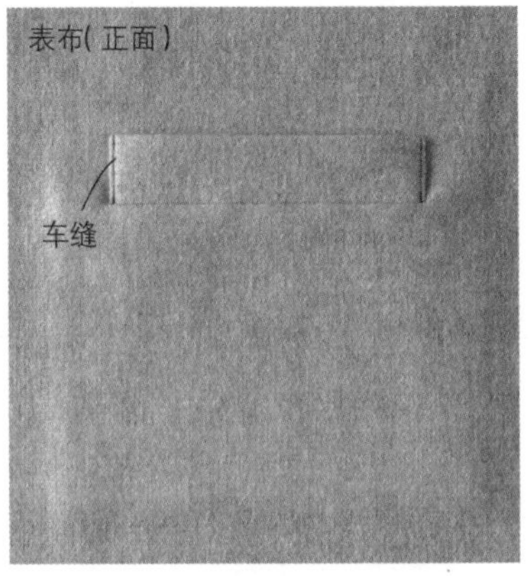

1 分别在袋口布的两端用单线车缝。

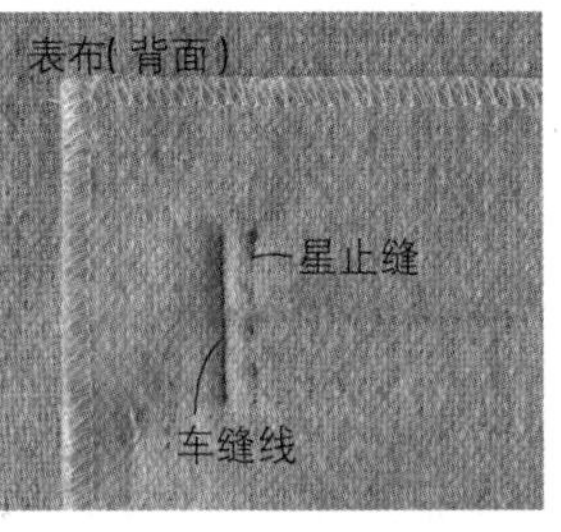

2 由于车缝不够牢固，所以从背面进行星止缝加固。

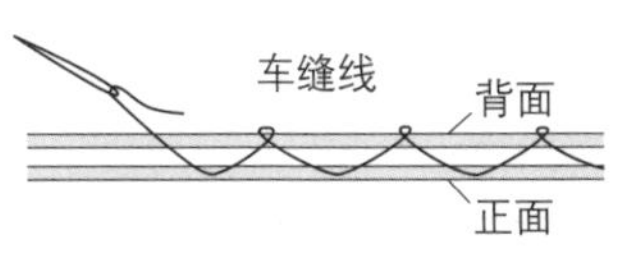

完成图（背面）。

◎不车缝

不希望两端有车缝线时，请用手缭缝缝合。

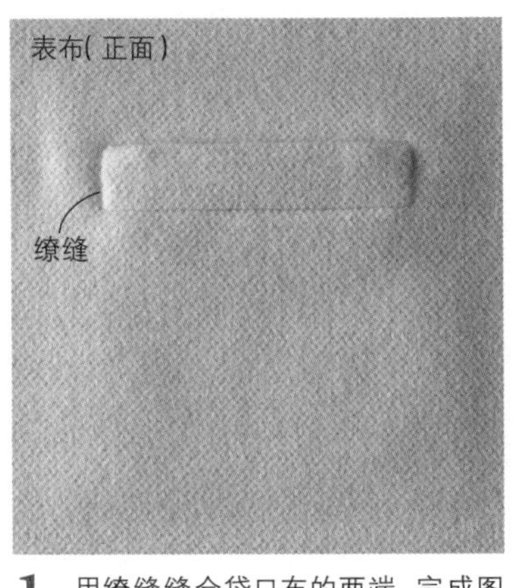

1 用缭缝缝合袋口布的两端。完成图（正面）。

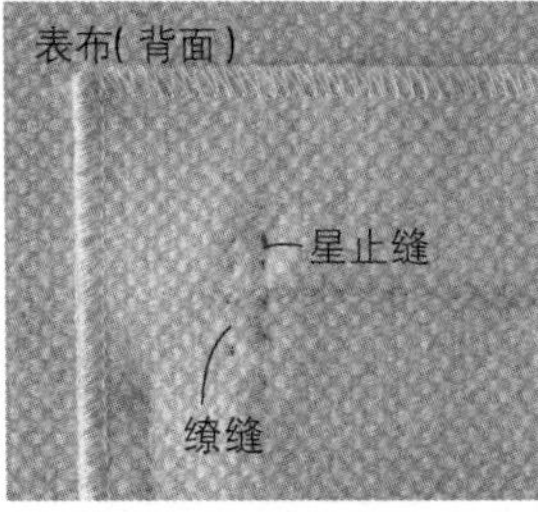

2 由于只作缭缝不够牢固，所以从背面进行星止缝加固。

完成图（背面）。

折叠直立式袋口布

折叠直立式袋口布的两侧，接缝在表布上。

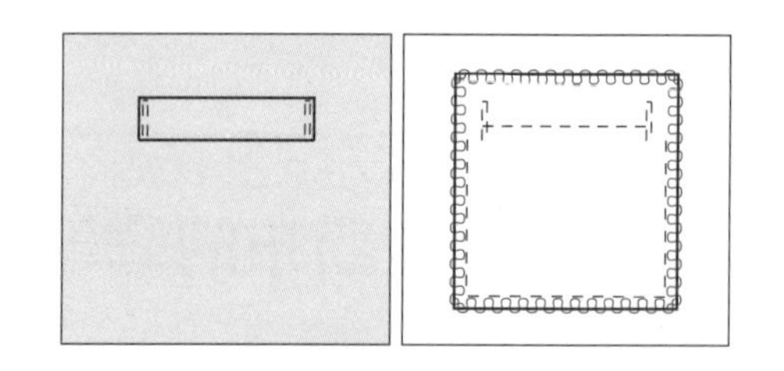

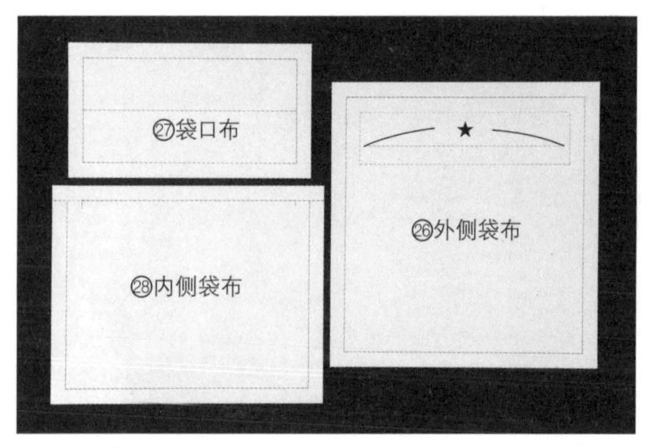

原大纸型㉖+㉗+㉘
缝份为1cm。

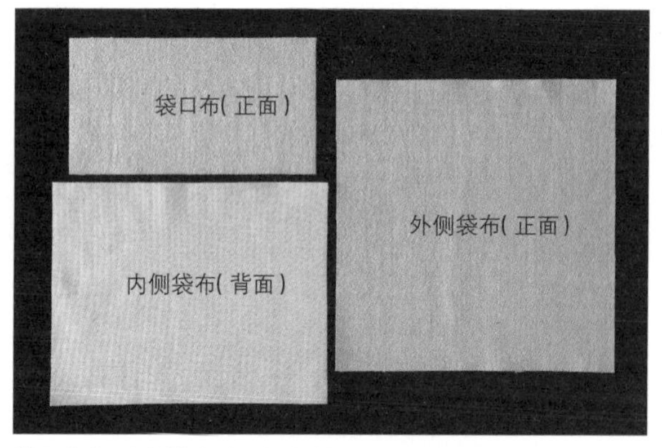

1 裁剪。内侧袋布使用轧光斜纹棉布或里布。

2 袋口布的背面贴黏合衬。

3 折叠两端的缝份。

4 折成完成的状态。这时在内侧的两端缝份，要折叠调整到从正面看不出来的程度。

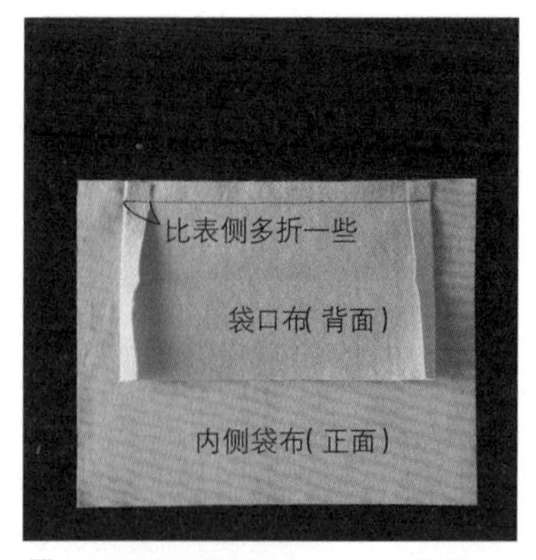

5 内侧袋布与袋口布的内侧边缘接缝。

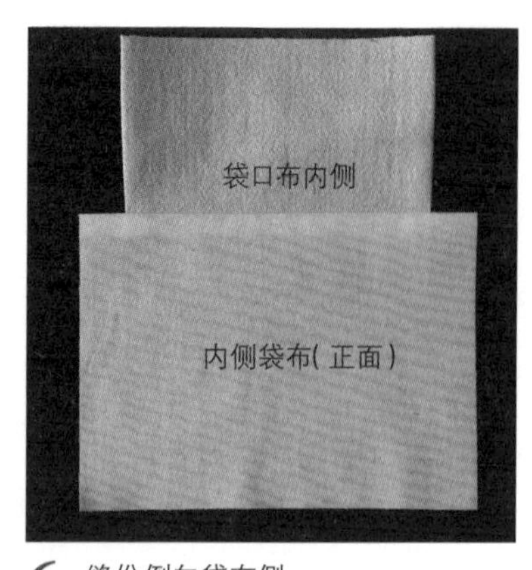

6 缝份倒向袋布侧。

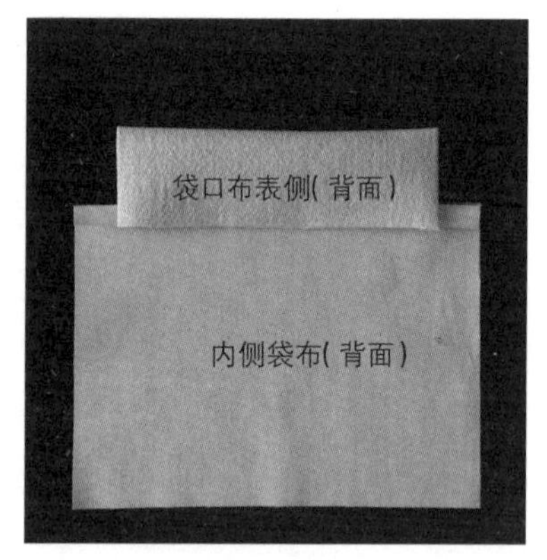

将袋口折叠成完成的状态。

7 表布的口袋口背面贴加固用的力布。

8 外侧袋布上下颠倒后，★记号处与表布正面相对叠合后缝合。

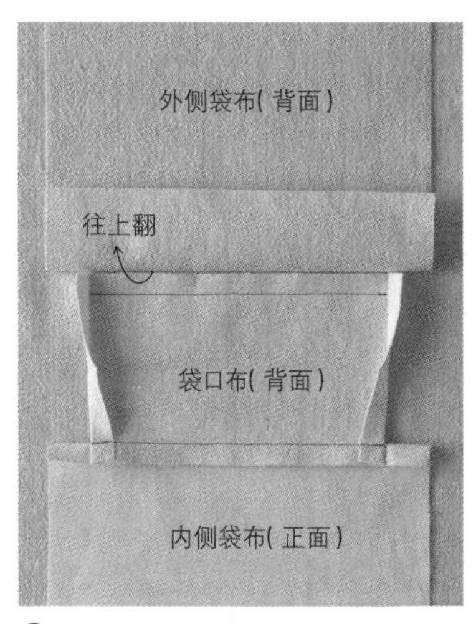

9 外侧袋布往上翻，袋口布叠合在口袋位置上缝合。

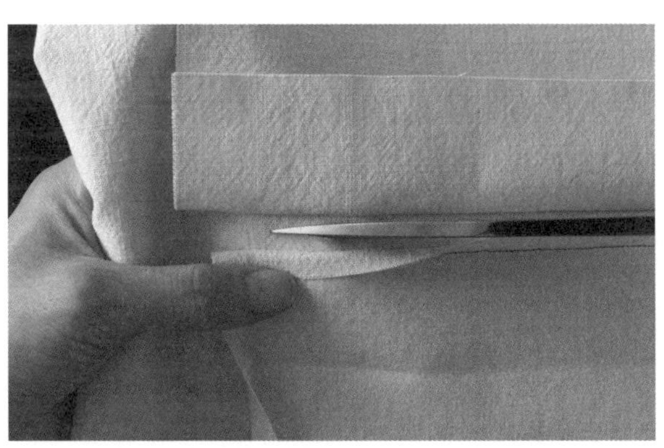

10 在袋布与袋口布车缝线的中央剪出Y字形开口。

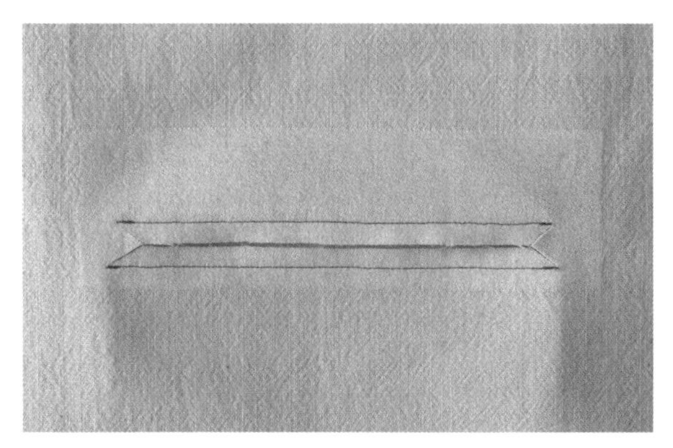

背面图。

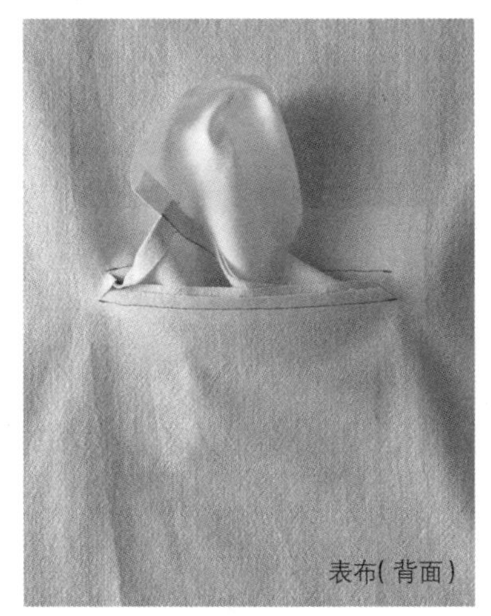

11 袋口布从里面拉出。

12 缝份倒向表布侧。

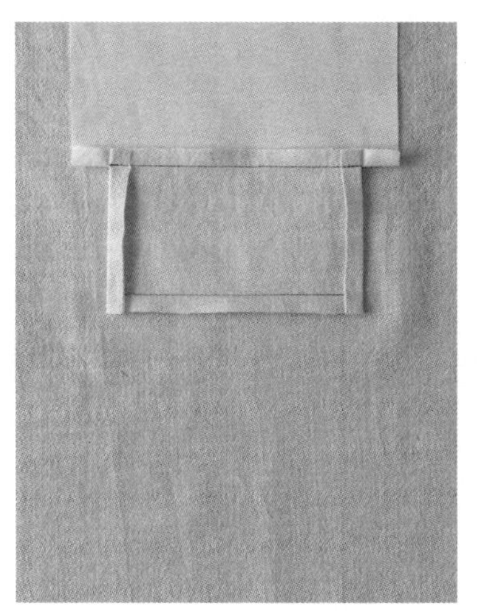

13 重新折叠袋口布两端的缝份。

立式口袋

●若使用厚布料，就要烫开缝份

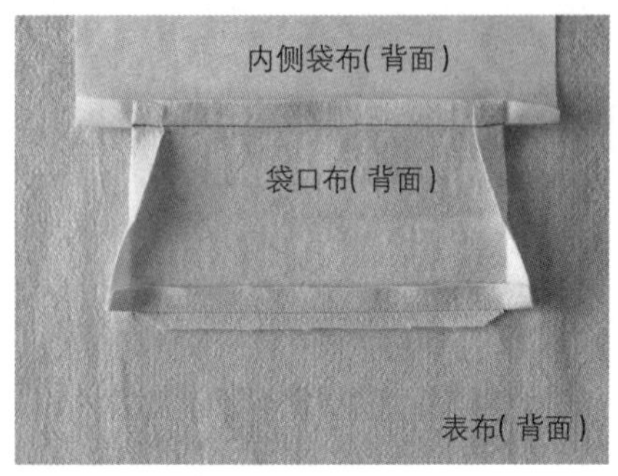

12 烫开缝份。

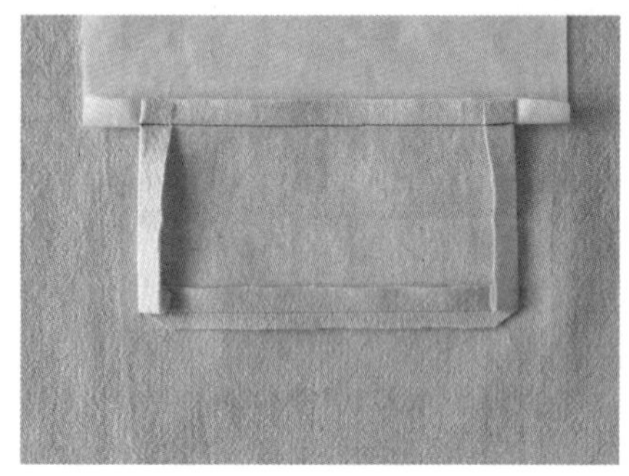

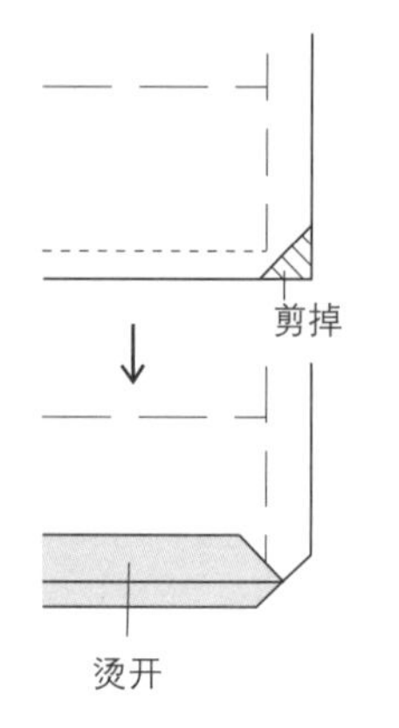

13 重新折叠袋口布两端的缝份。

14 外侧袋布从里面拉出。

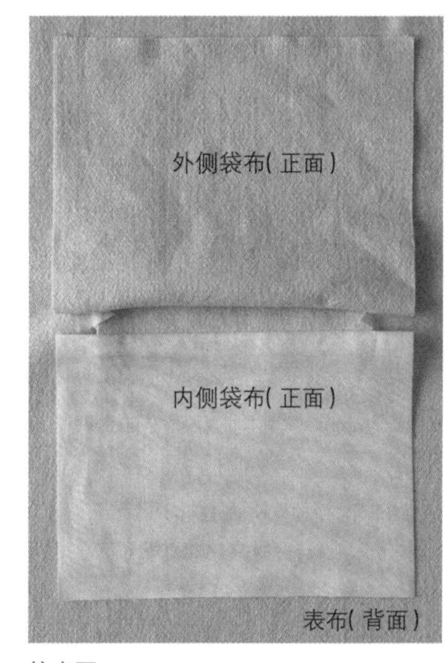

拉出图。

15 袋口布整理完成的状态，用珠针固定。

翻卷内侧袋布。

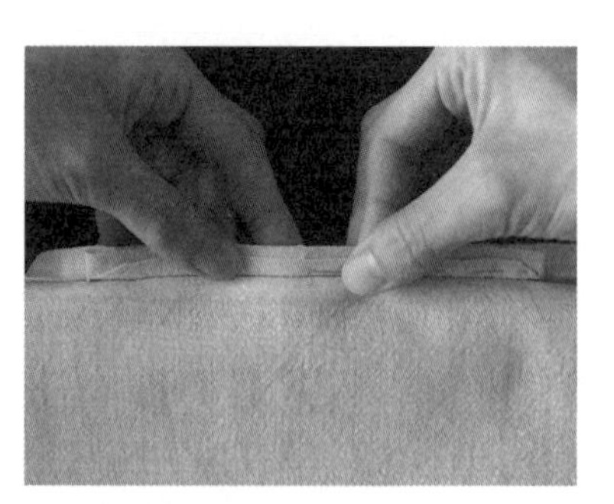

叠合袋口布的缝份后缝起来。

缝合图。

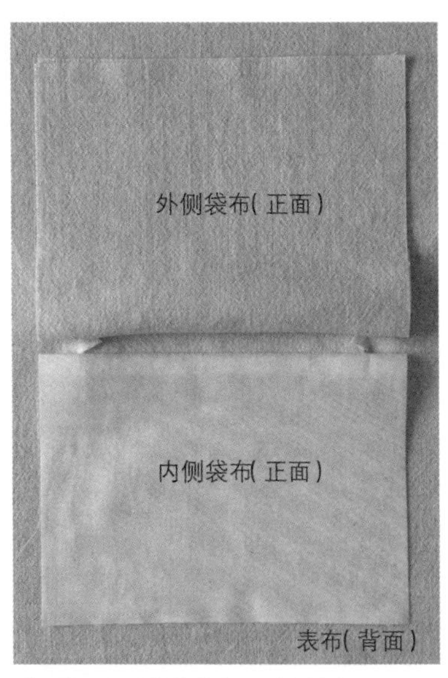

16 内侧袋布恢复原来的样子。

17 袋布正面相对叠合后车缝周围，缝份进行锁边Z字形车缝。

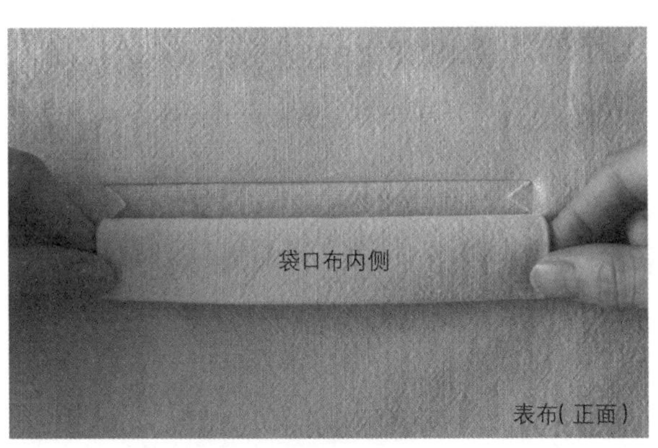

18 从袋口布内侧看。口袋两端、三角部分就这样调整。

放大图。三角部分是与固定袋口布的车缝一起压缝的。

19 袋口布整理成完成的状态，两端连同袋布一起进行车缝。完成图(正面)。

放大图。

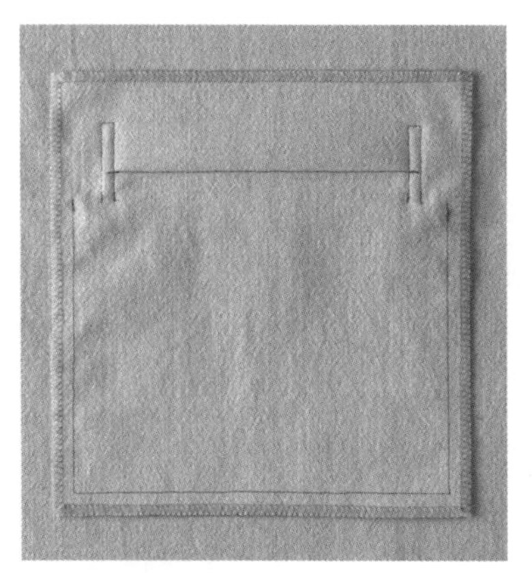

放大图(背面)。

立式口袋

斜的立式口袋

缝法与折叠直立式袋口布（P.64）相同。
裁剪时注意布料的纹路，以免花纹的衔接不对称。

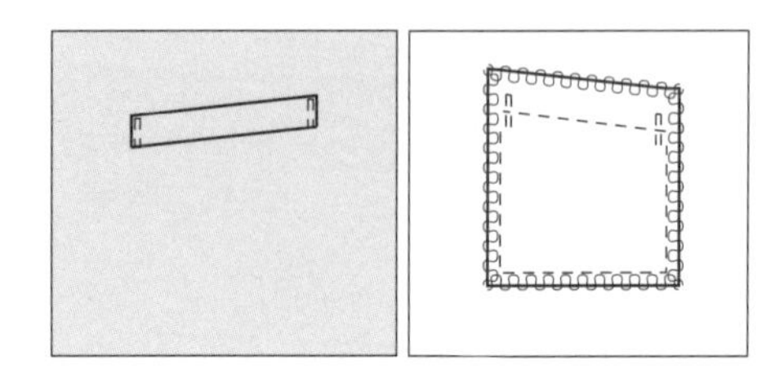

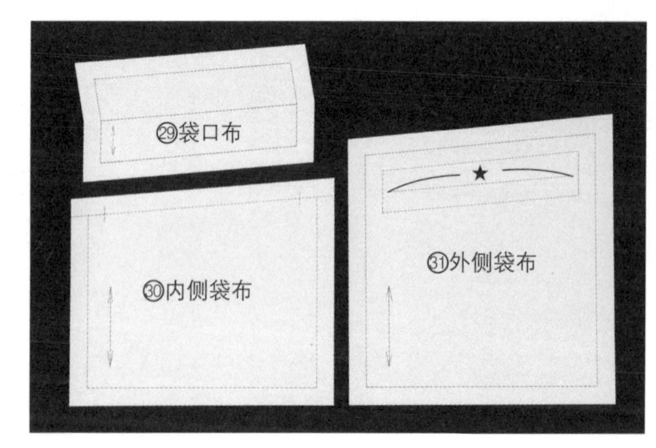

原大纸型㉙＋㉚＋㉛
缝份为1cm。（裁剪参阅P.64）

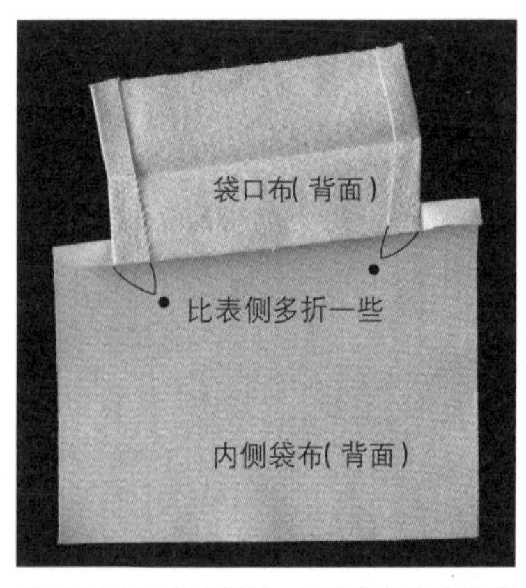

袋口布沿完成线折叠，内侧袋布接缝在袋口布内侧边缘。

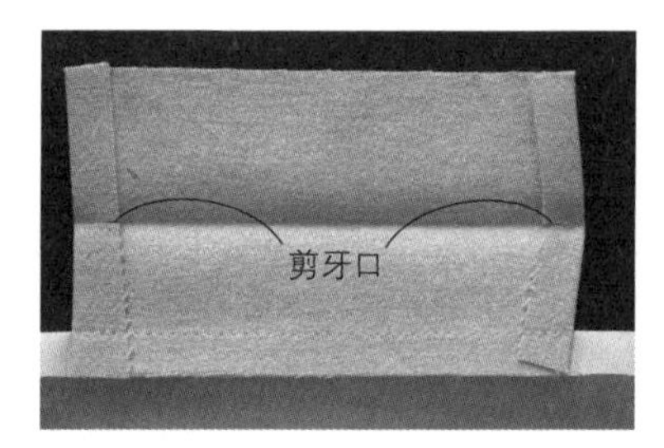

由于有角度，所以缝份要剪牙口。

之后步骤请参考折叠直立式袋口布（P.64～P.67）的做法。

完成图（正面）。

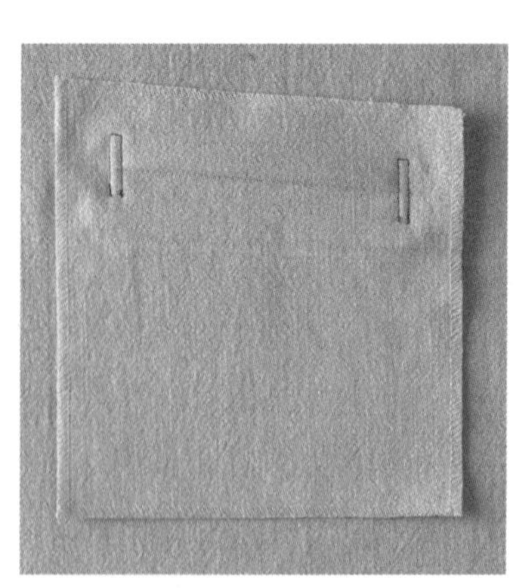

完成图（背面）。

侧口袋

在衣服腰部、倾斜拼接的口袋。通常接缝在裤子或裙子上。

直线侧口袋

在靠近腰围的两侧边线处进行拼接的口袋。

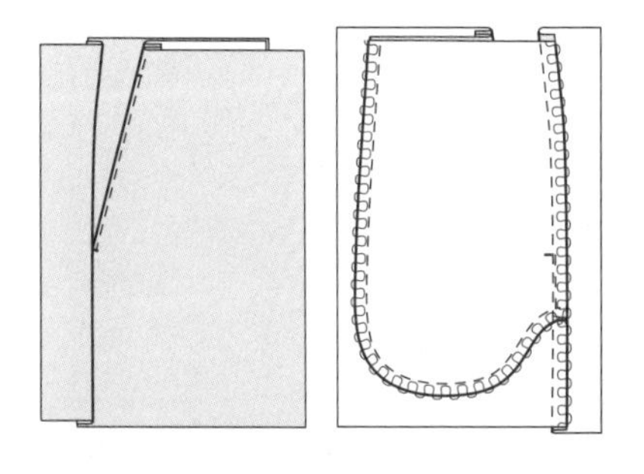

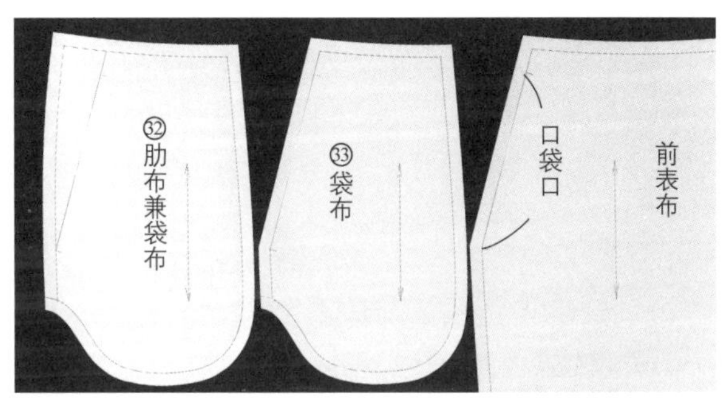

原大纸型㉜＋㉝
缝份为1cm。

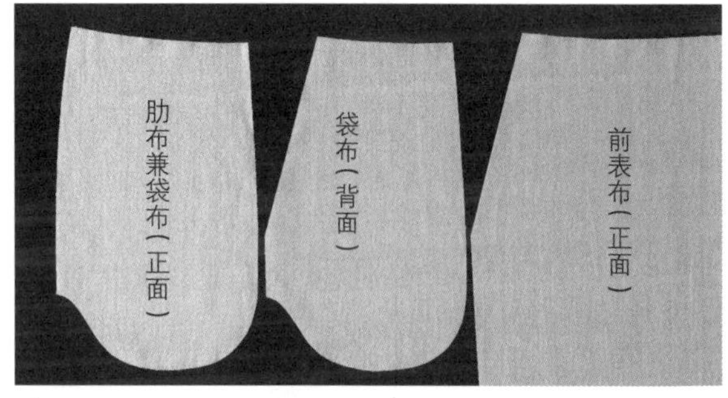

1 裁布。肋布&袋布使用表布。袋布也可以使用轧光斜纹棉布或里布。

2 在表布的口袋口缝份背面贴止伸衬布条。

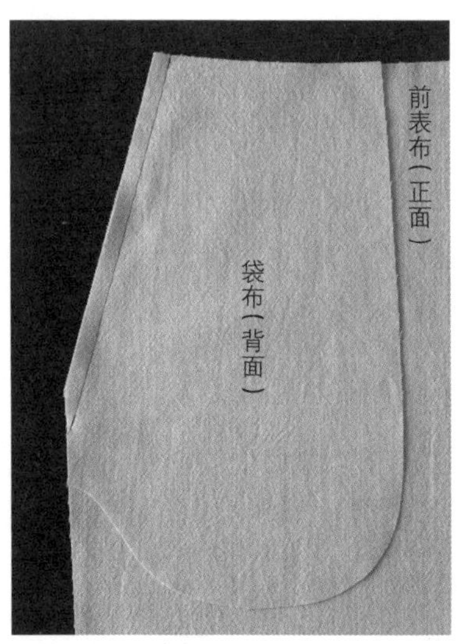

3 袋布正面相对叠合后缝合口袋口，距完成线0.1～0.2cm处缝合缝份侧。

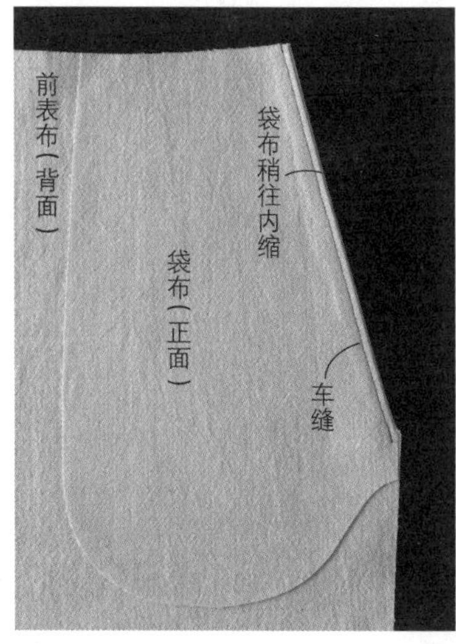

4 袋布翻向里面，稍向内拉一点后用熨斗整烫，进行车缝。

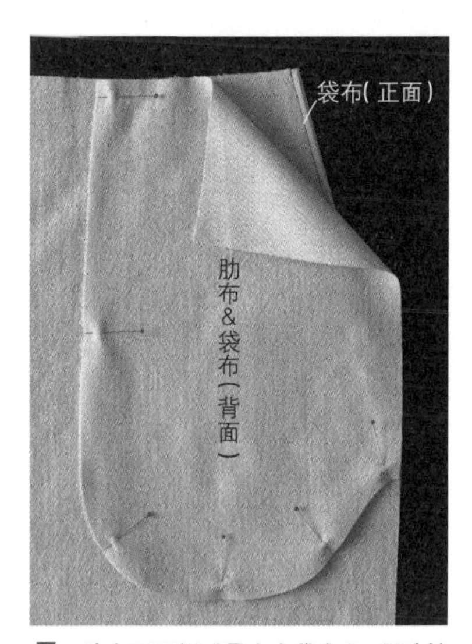

5 肋布正面相对叠合在袋布上，用珠针固定。

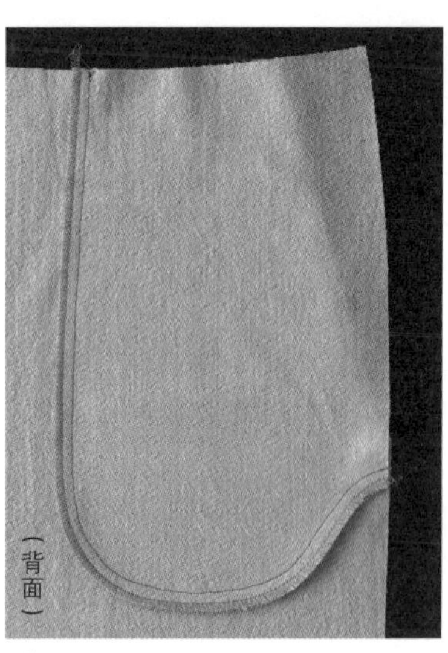

6 车缝袋布的周围，缝份进行锁边或Z字形车缝。

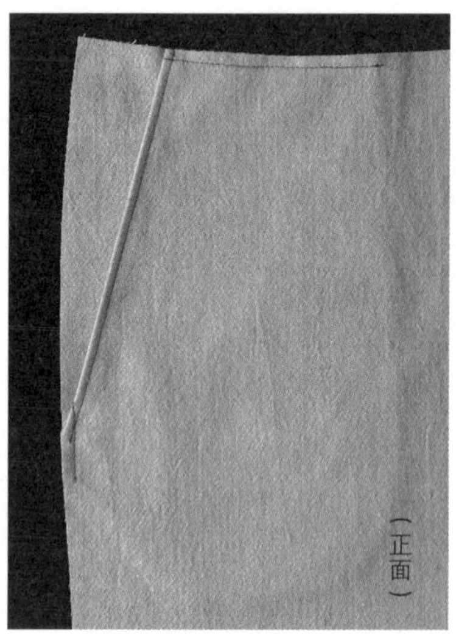

7 车缝固定上侧与肋边的缝份。

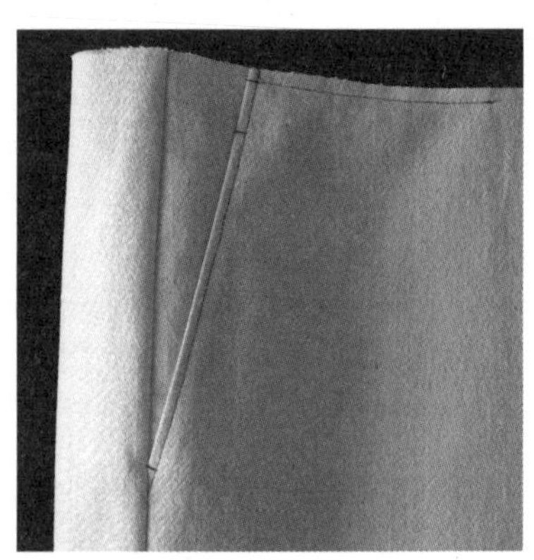

与肋边缝合。在口袋口的两端进行加固性车缝。车缝范围内进行3～4次的回针缝。

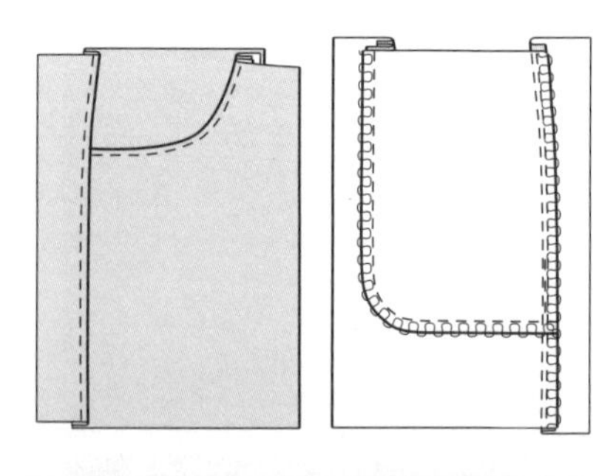

曲线侧口袋

也称为西式口袋。
比起直线侧口袋，少了口袋口的浮凸感，感觉更俐落。

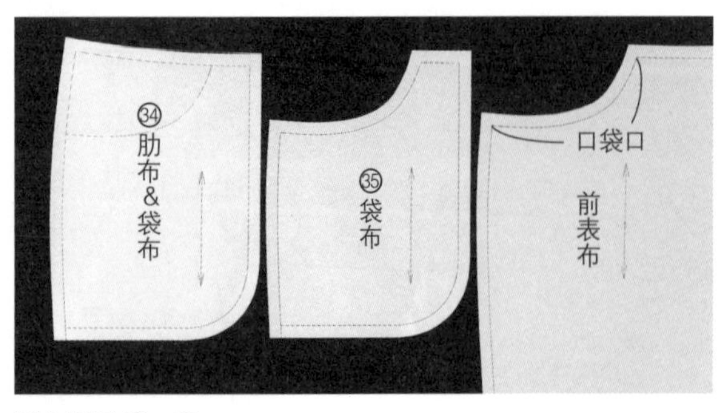

原大纸型 ㉞+㉟
缝份为1cm。

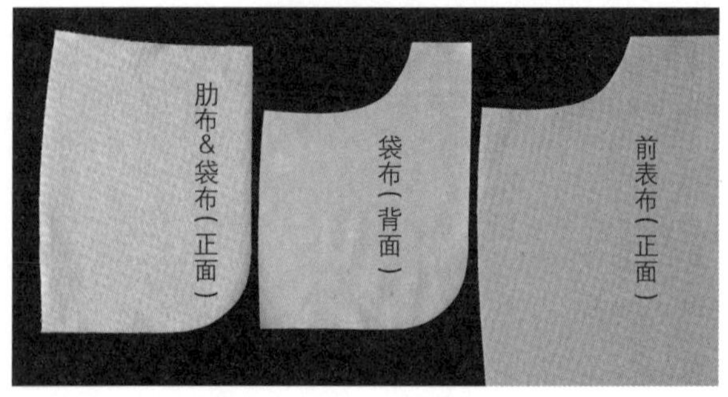

1 裁剪。肋布&袋布使用表布。由于袋布要进行曲线的回针缝，所以适用轧光斜纹棉布等较薄的布料。

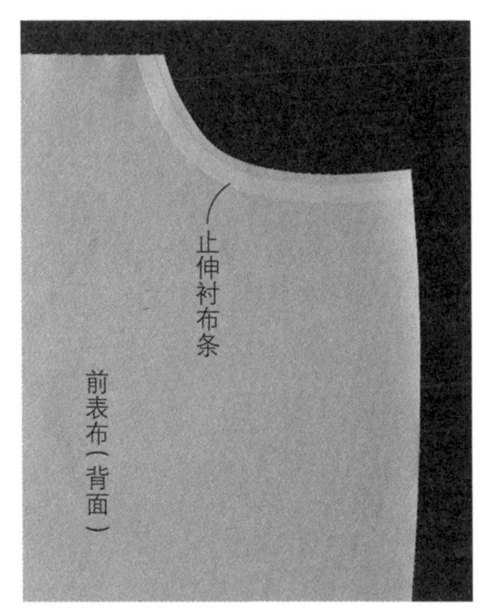

2 在前裤片口袋口的缝份背面贴止伸衬布条。

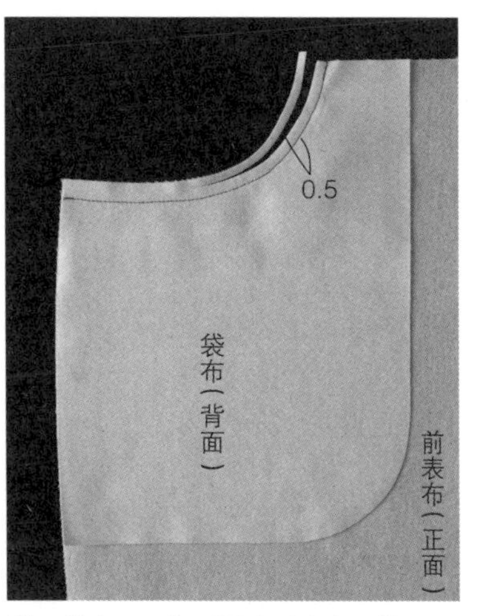

3 袋布正面相对叠合后缝合口袋口，距完成线0.1～0.2cm处缝合缝份侧。缝份修剪成0.5cm左右。

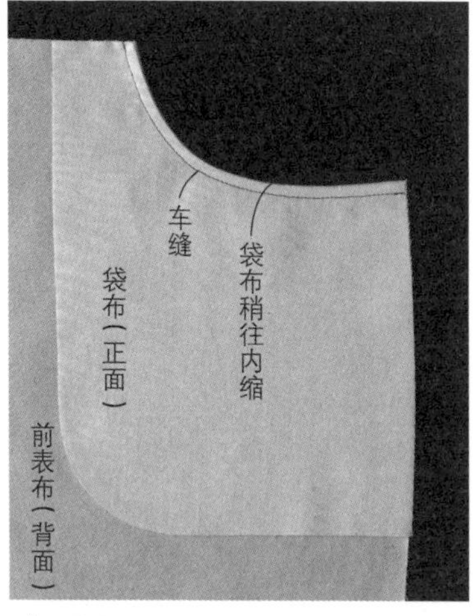

4 袋布翻向里面，稍往内缩后用熨斗整烫，进行车缝。

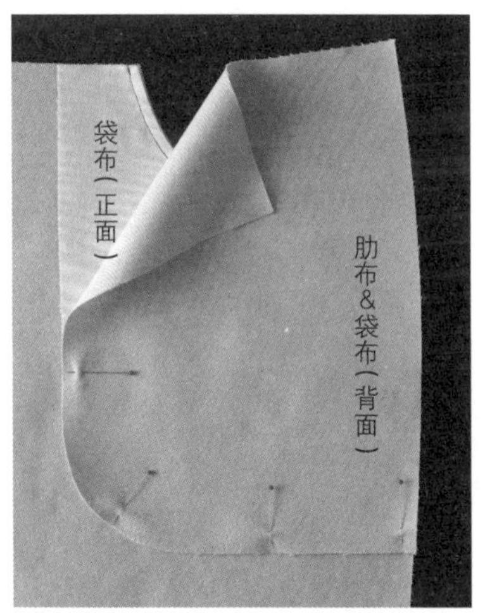

5 肋布正面相对叠合在袋布上，用珠针固定。

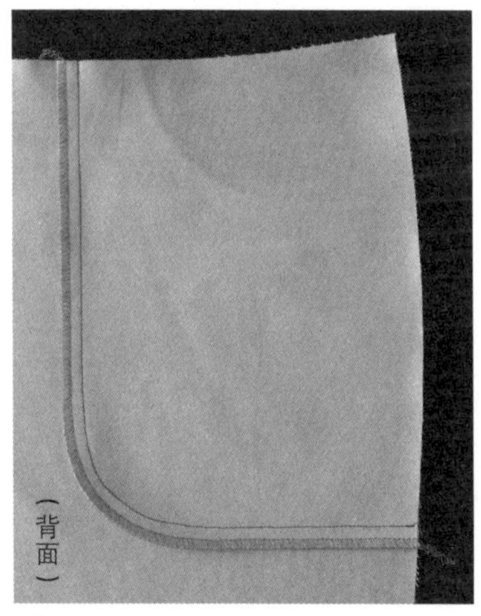

6 车缝袋布的周围，缝份进行锁边或Z字形车缝。

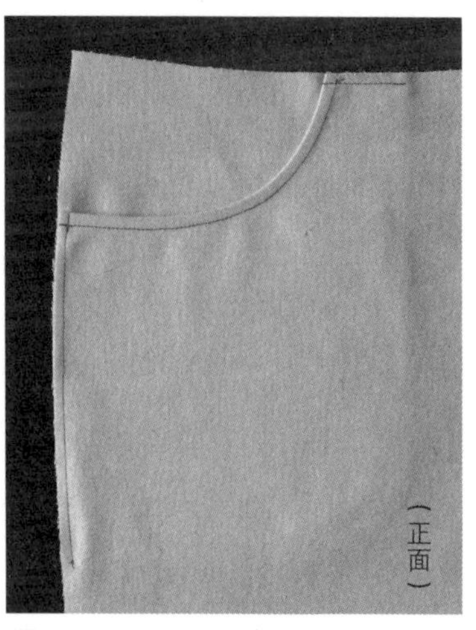

7 车缝固定在上侧与肋边的缝份。

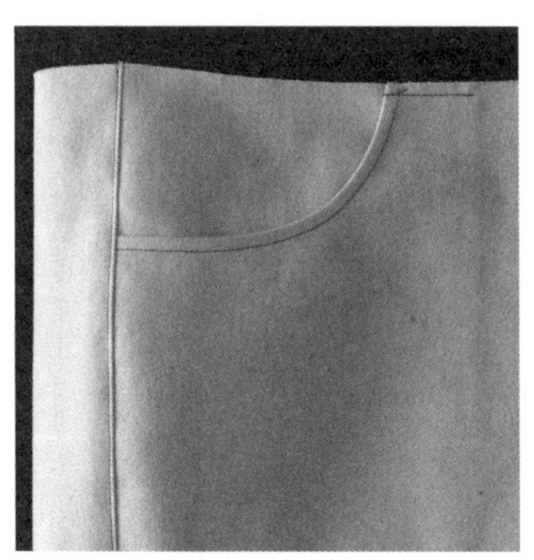

与肋边缝合的样子。缝份倒向后侧后进行车缝，兼具加固作用。

本书是《缝纫基础的基础》一书的姐妹篇，讲解了口袋制作方方面面的基础知识和技巧，从各种口袋的特点、结构，到口袋的裁剪技巧、制作步骤等都有系统、详细的图文解说，很适合当做工具书来查阅。看似不起眼的口袋，对于一件衣服整体的作用却不可忽视。本书是裁缝爱好者常备的案头手册，适合缝纫爱好者参考。

POKET NO KISO NO KISO by Yoshiko Mizuno

Publisher of Japanese edition:Sunao Onuma
Book-design : Tomoko Okayama
Photography : Takeshi Fujimoto
Proofreading:Masako Mukai
Editing:Nobuko Hirayama[BUNKA PUBLISHING BUREAU]
Original Japanese edition published by EDUCATIONAL FOUNDATION BUNKA GAKUEN BUNKA PUBLISHING BUREAU

图书在版编目（CIP）数据

口袋制作基础的基础 /（日）水野佳子著；陈新平，韩慧英译.
—北京：化学工业出版社，2018.8
ISBN 978-7-122-32290-6

Ⅰ.①口… Ⅱ.①水… ②陈… ③韩… Ⅲ.①服装缝制-基本知识 Ⅳ.①TS941.63

中国版本图书馆CIP数据核字（2018）第115346号

责任编辑：高　雅　　　　责任校对：王素芹

出版发行：化学工业出版社（北京市东城区青年湖南街13号　邮政编码100011）
印　　装：北京东方宝隆印刷有限公司
787mm×1092mm　1/16　印张 4½　彩插 1　字数 300 千字　2019年1月北京第1版第1次印刷

购书咨询：010-64518888　售后服务：010-64518899
网　　址：http：//www.cip.com.cn
凡购买本书，如有缺损质量问题，本社销售中心负责调换。

定　价：59.80元　

基于 **AutoCAD 2016** 软件平台

SHUILI GONGCHENG
CAD HUITU KUAISU RUMEN

水利工程 CAD绘图

谭荣伟　等编著

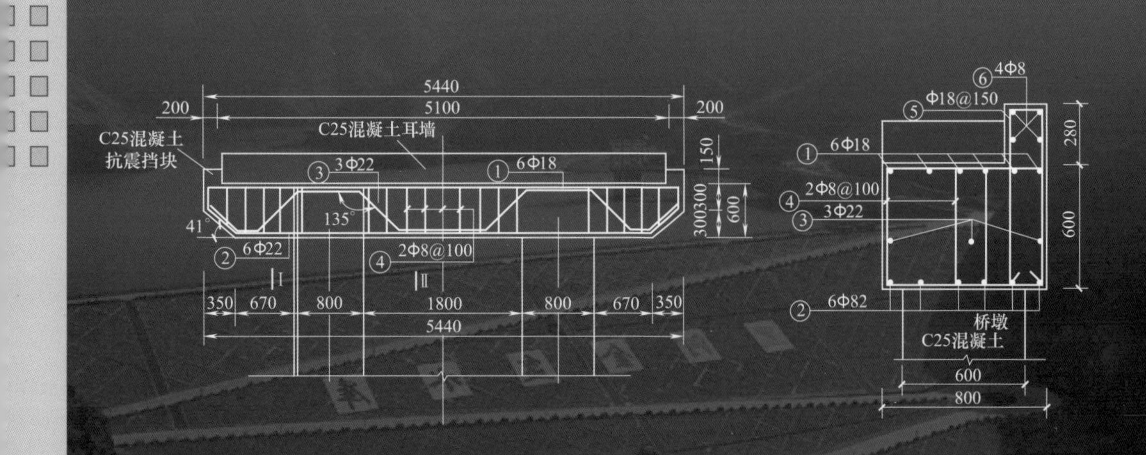

化学工业出版社